ビジュアル解説！

科学でさぐる日本人の図鑑

秋道智彌 監修　本作り空 Sola 編

文研出版

もくじ

最新の科学で知る！ 日本人のすがた

名前：古代犬・はにわのすけ
住んでいるところ：とある有力者の古墳
好きなこと：食べること、全国各地を旅すること
好きなもの：光るもの（まが玉つきの首輪がお気に入り）
夢：考古学者になること

やあ、ぼくは、古代犬・はにわのすけ。長いあいだ、古墳のなかでねむっていたんだけど、とつぜん目がさめて、外に出てみたらびっくり！　だって、ぼくの知っている日本とはだいぶようすがちがっていたから。日本に住んでいる人たちって、こんな感じだったっけ？　聞けば、ぼくがねむっているあいだに1500年近く時が流れたらしい。それだけ時間がたてば、変わるのもあたりまえかな。でも、いったいどんなふうに変化してきたんだろう？　ぼくは時代をさかのぼって調べてみることにした。

そもそも、日本列島に人が住むようになったのは、ぼくが知っている時代よりもっとずっとむかし、3万8000年くらい前のことなんだって。1500年前なんて、まだまだ新しいね。みんなは、遠い遠いご先祖さま、むかしの日本人のこと、どのくらい知っている？　どんなすがたをしていて、どんなくらしをしていたのか、わかる？　いまでもたくさんの遺跡で発掘調査がつづけられているし、最新の科学技術のおかげで、これまでわかっていなかった新しい事実もあきらかになっているらしいよ。ぼくより古い時代の日本人の顔を復元することもできたんだって！　これからも、びっくりするような発見があるかもしれないね。おもしろそうだから、みんなもいっしょに調べてみよう。じっさいに調査や研究にかかわっている先生たちの話にも注目だよ。

これなーんだ？

どれもむかしの日本人が使っていた道具だよ。どんなことをするための道具か、わかるかな？

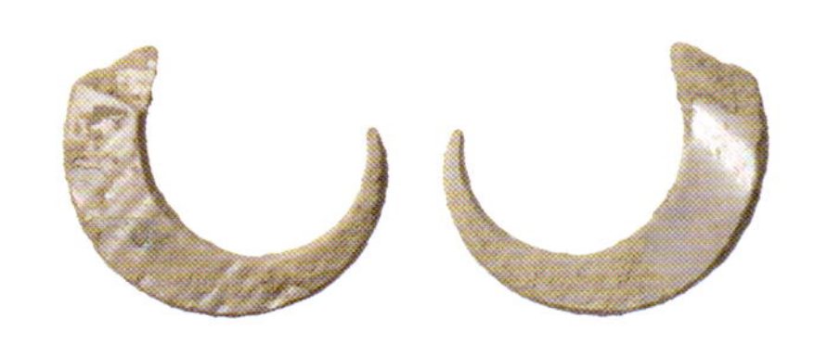

1. ヒントは12ページ

2. ヒントは36ページ

3. ヒントは48ページ

4. ヒントは69ページ

5. ヒントは91ページ

＊クイズの答えは111ページを見てね

写真提供：ColBase (https://colbase.nich.go.jp/)、PIXTA、沖縄県立博物館・美術館、鳥取県（青谷上寺地遺跡）、三原市教育委員会
※写真は切り抜き加工をして掲載しています

過去を学び未来へつなぐ

現代を生きる若いみなさんに、未来の日本と世界について考えてほしいことがあります。毎日、いろいろなことがみなさんの身のまわりに起こっています。学校での宿題のこと、給食の献立のことなど、とても気になりますね。少し目を広げて日本全体を見まわすと、クマが出たとか、どこどこで大雨が降って土砂くずれが起こったなどのニュースをテレビやウェブサイトで見ることがあります。さらに広く世界を見わたすと、ウクライナや中東のガザで紛争がはげしくなったとか、大統領が選挙で勝った、旅客機が墜落した、干ばつで作物がとれないなど、じつにいろいろなことが起こっているのがわかります。自分とは関係ないと思うこともあるでしょう。しかし、生きている自分にとり、日本や世界で起こっていることを知るのは無意味ではありません。

世界で起こっていることをすべて知っている人はいません。この先、なにが起こるかを予言するのもたいへんむずかしいことです。でも、わたしたちは過去における人類のあゆみをたどることができます。そうすることで、わたしたちは未来にむけて豊かな知恵を学ぶことができるのです。

人類が誕生してから現在まで数十万年がたちましたが、現在生きているみなさんもご先祖さまからの血をひきついでいることをわかってほしいと思います。その点で、みなさんの先輩にあたる過去の人びとがどう生きたかを学ぶことは、みなさんの心に豊かさと未来にむけて活動する大きな力をあたえることになるものと考えています。

本書にふれて、知ることの強さと豊かさを学んでいただけるのを心から期待しています。未来はきみたちのものだ。

秋道智彌

日本にもゾウやマンモスがいた

ナウマンゾウがいたころは氷河時代で、高山にはえる針葉樹林が広がっていたことが花粉の化石からわかっている。写真は現在の北海道の針葉樹林
写真提供：PIXTA

大陸からわたってきた動物

日本列島にゾウやマンモスがいたというと、信じられるだろうか？　だが、ゾウもマンモスもすんでいたことが化石からわかっている。約2万年前、地球は最後の氷河時代のもっとも寒い時期で、平均気温はいまより7度～8度低かった。九州地方までいまの北海道のような気候で、1000メートル～1500メートルの高山にはえる針葉樹が平地にもはえていた。海面はいまより100メートル以上も低く、北海道はサハリン（現在のロシア連邦サハリン州）と陸つづきで、サハリンを通ってマンモスや野牛やヘラジカがわたってきていた。

また、最後の氷河時代よりはるかむかしの約40万年前～30万年前（もしくは14万年前～13万年前）の日本列島は、ユーラシア大陸と陸つづきだった。大陸からナウマンゾウをはじめオオツノジカやトラ、オオカミ、ニホンムカシジカ、イノシシなどがわたってきていたことが、日本各地で出土した化石からわかっている。

1948年に長野県の野尻湖で発見されたナウマンゾウの歯の化石
写真提供：野尻湖ナウマンゾウ博物館

ナウマンゾウの化石がふくまれる地層から見つかった石器や骨製のナイフ。4万8000年前～3万3000年前のもので、ナウマンゾウの皮を加工するときに使われた　写真提供：野尻湖ナウマンゾウ博物館

ロシア
サハリン
中国
日本海
津軽海峡
朝鮮半島
対馬海峡
日本
約２万年前の海岸線
台湾
琉球列島

氷河時代のもっとも寒かったとされる約２万年前の日本列島。海面が下がっても津軽海峡や対馬海峡は海のままなので、舟がないとわたれないと考えられている

氷河時代に日本列島にいた大型動物

ナウマンゾウの復元骨格。ナウマンゾウは約65万年前〜数万年前まで東アジアで生きていた。化石は日本各地で発見されるが野尻湖（長野県）がもっとも多い

写真提供：北海道立総合博物館

マンモスゾウの復元骨格。マンモスは約40万年前〜１万年前まで、シベリアなど寒い地域で生きていた。北海道へは氷河時代の寒い時期にわたってきた

写真提供：北海道立総合博物館

ヘラジカ

写真提供：United States Fish & Wildlife Service

オオツノジカ

写真提供：野尻湖ナウマンゾウ博物館

海をわたってきた日本人

いまから約３万8000年前には日本列島に人が住みはじめていたとされる。そのころは氷河時代で、海面が下がっていた。かつては、大陸から大型動物を追ってやってきた人びとが陸つづきだった日本列島に住むようになったと考えられていた。しかし、最近の研究で、約２万年前の氷河時代のもっとも寒い時期でも、津軽海峡や対馬海峡は海のままだったことがわかった。朝鮮半島やサハリンから歩いてやってきたと考えられていた人たちは、舟で海をわたった可能性が高いことになる。ユーラシア大陸と陸つづきだった台湾島からも、舟で琉球列島にわたってきたのではないかと考えられている。日本列島でくらしはじめた人びとは、集団で狩りをし、落としあなを使ってナウマンゾウやオオツノジカなどの大きな動物をとらえ、石でつくったやりやおのでしとめていた。肉は食料にし、骨でぬい針などの道具をつくり、毛皮をぬってつくった衣服を着てくらしていた。

ナウマンゾウが生きていたころの、氷河時代の人びとのくらし（画：細野修一）。毛皮で服をつくり、少人数でキャンプをするように生活していたと考えられている

写真提供：仙台市教育委員会

ぼくが生まれる何万年も前に海をこえてやってきたんだ！　すごいなあ

旧石器時代の人びとのくらし

旧石器時代の集団キャンプの復元図（画：石井礼子） 画像提供：国立歴史民俗博物館

動物を追って移動する生活

旧石器時代の人びとのくらしは、何人かで協力して大型動物を落としあなに落とし、石槍や石斧（10ページ～11ページ参照）などでしとめる狩猟生活が基本*だった。動物を追って移動し、キャンプをしながらくらしていた。いくつかの集団があつまって、共同で狩りのための石器をつくり、とれた動物を解体する集団キャンプ場のような場所もあったことがわかっている。集団キャンプ場は、長野県の野尻湖周辺や群馬県の赤城山の南側、千葉県の下総地方などで多く見つかっている。

旧石器人は移動生活をつづけながら、石器の材料を手に入れたり、情報交換をしたり、結婚相手をもとめたりするため、定期的に集団キャンプ場にあつまったのではないかと考えられている。

野尻湖のそばにある旧石器時代の遺跡のひとつ、日向林B遺跡。集団キャンプの跡と考えられている。遺跡からはたくさんの石斧が出土した

写真提供：長野県埋蔵文化財センター

＊旧石器時代の人びとは、肉以外にもマツやハシバミなど針葉樹の木の実、キイチゴやコケモモなどの小さな果物類、ヤマイモや山菜などを食べていたと考えられる

石材をもとめて海もわたる

狩りで食べものを手に入れていた旧石器人にとって、なによりも大切なのは、動物をうまくしとめられするどい刃をもったやりやおのだ。だからこうした石器の材料には、かたくて加工するとカミソリのように切れる黒曜石やサヌカイト、かたくてたたくとうすい板のようにわれる頁岩やかたいチャートなど、えらびぬかれた石が使われた。

石器の材料になる黒曜石などは、遠くまで出かけていかないと手に入らないこともあった。旧石器人は石をもとめて、ときには海をこえて島までかよったことが、発見された石器の成分を調べてわかっている。たとえば、千葉県の墨古沢遺跡からは、和田峠（長野県）や高原山（栃木県）、海のむこうの神津島（東京都）の黒曜石をはじめ、北関東や東北地方でとれる石でできた石器も発見されている。墨古沢遺跡は、日本最大級の旧石器時代の集団キャンプ跡のひとつだ。

集団キャンプ跡が見つかった場所と黒曜石の産地

日本最古の国宝、黒曜石の石器

日本の黒曜石がとれる産地のなかでも、とびぬけて産出量が多く、世界的にも有名なのが北海道の赤石山だ。旧石器時代、赤石山のふもとにある白滝遺跡では、たくさんの石器がつくられた。遺跡からは長さ約36センチメートル、重さ1.2キログラムもある巨大な石器（写真中央）をはじめ、約700万点、13トンもの石器が発掘されている。このうち1965点は国宝に指定され、約3万年前～1万5000年前の日本でもっとも古い国宝となった。

この白滝遺跡でつくられた黒曜石の石器は、山形県や新潟県、遠くは300キロメートルもはなれたサハリンでも見つかっていて、旧石器時代の人びとにとって黒曜石がどれほど、貴重で魅力的な石だったのかを教えてくれる。

国宝「北海道白滝遺跡群出土品」の代表的な石器（写真撮影：佐藤雅彦）

写真提供：白滝ジオパーク推進協議会（所蔵：遠軽町教育委員会）

旧石器時代の人びとの道具

2万年以上つづいた旧石器時代のあいだに、人びとは石を加工していろいろな道具をつくりだした。最初は石の一部をとがらせただけの「にぎりおの」だったが、だんだんと石の性質やわれかたを学び、ひとつの大きな原石をわって、わった石からいくつもの石器をつくりだすまでになっていった。

たたく・突く・掘る

斧形石器（長さ16.4センチメートル）
石の一部分をわってとがらせた石器。えものをたたいたり、地面を掘ったり、いろいろなことに使った
金取遺跡（岩手県）　写真提供：遠野市

突く

台形様石器（長さ4.6センチメートル）
台形の形をした石器で、旧石器時代のはじめのころのもの。棒の先につけてやりとして使った
船久保遺跡（神奈川県）
写真提供：神奈川県教育委員会

突く・切る

ナイフ形石器（長さ約11.5センチメートル）
柄をとりつけてやりとして使ったり、ナイフのように手でもって動物の皮をはいだり、肉を切ったりするときに使われた
上ノ原遺跡（宮崎県）　写真提供：宮崎県埋蔵文化財センター

切る・けずる・くだく

局部磨製石斧（長さ12.5センチメートル）
石の一部をけずってするどくした石器。柄をつけて使い、木を切ったり、けずったり、大型動物の骨をくだいたりするときにも使われた
瀬田遺跡（東京都）
写真提供：世田谷区立郷土資料館

突く

槍先形尖頭器
（長さ6.4センチメートル）
棒の先につけてやりとして使った。材料の黒曜石は、石器が発掘された関東地方にはない石なので、手に入れるために産地まで出かけていったと考えられる
埼玉県鶴ヶ島市高倉出土
写真提供：ColBase (https://colbase.nich.go.jp/)

彫る

彫器
狩りに使うやりをつくるための道具。石をとりつけるためのみぞを骨や木に彫るために使われた。旧石器時代のおわりごろには、黒曜石などでつくった小さな石の部品を、動物の骨や木に埋めこんでやりをつくるようになっていた
荒屋遺跡（新潟県）　写真提供：ColBase (https://colbase.nich.go.jp/)

突く

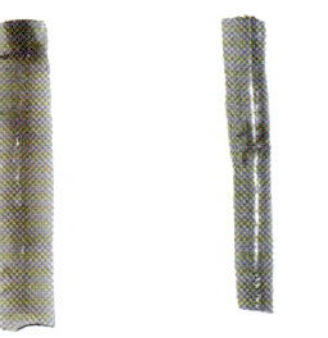

細石刃（長さ約1センチメートル～3センチメートル）
彫器で彫ったみぞに埋めこんでつくったやりの部品。旧石器時代後期のもの。材質は黒曜石。きれいに整った形に加工されていて、高い加工技術があったことがわかる。小さな石の部品をつくれるようになったことで、やりの刃が欠けても、まるごとつくりなおすのではなく、欠けた部分の石だけをとりかえればよくなった
置戸安住遺跡（北海道）
写真提供：ColBase (https://colbase.nich.go.jp/)

けずる

削器
刃がのこぎりのようになっていて、木などをけずる道具として使われたと考えられる
上ノ原遺跡（宮崎県）
写真提供：宮崎県埋蔵文化財センター

あなをあける

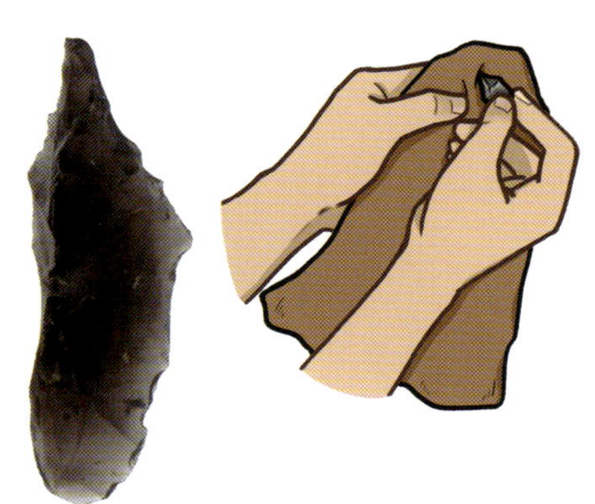

錐状石器
小さな石の破片を錐のように加工したもの。毛皮などにあなをあけるために使われたと考えられる
上ノ原遺跡（宮崎県）
写真提供：宮崎県埋蔵文化財センター

かきとる

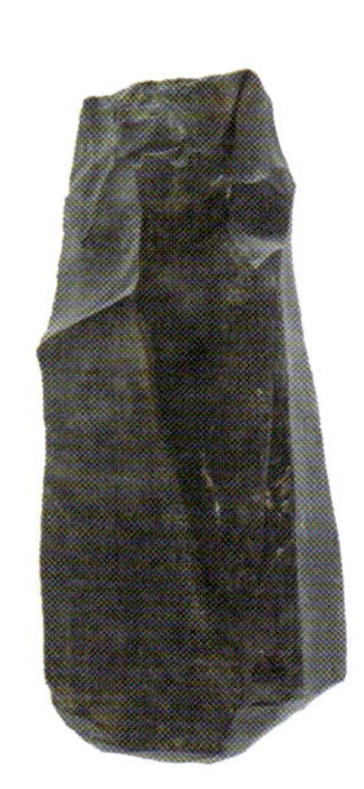

掻器
毛皮についた脂肪や肉をかきとるために使われたと考えられる
上ノ原遺跡（宮崎県）
写真提供：宮崎県埋蔵文化財センター

黒曜石の石器はびっくりするくらいよく切れるんだよ！

※写真は切り抜き加工をして掲載しています

旧石器時代の人びとのすがた

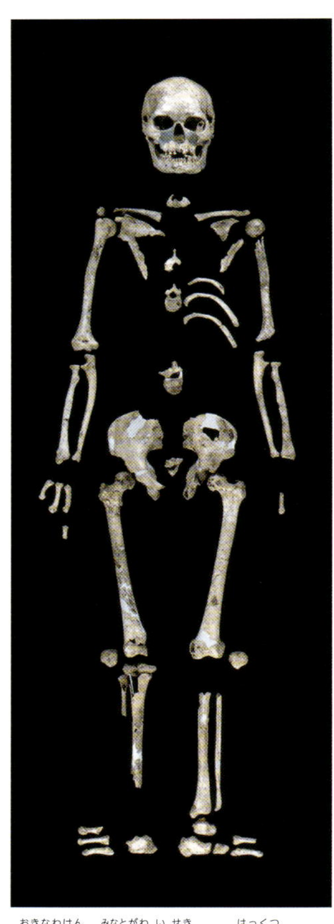

沖縄県の港川遺跡から発掘された4体の人骨のうち、もっとも保存状態のよい成人男性の全身骨格。現代の日本人より小柄で、上半身はやせているが、下半身はがっちりしている

写真提供：東京大学総合研究博物館

港川人の復元模型。近年の研究で、オーストラリアの先住民やパプアニューギニアの人たちに近いことやウナギなども食べていたことがわかり、そのようなすがたに復元されている

写真提供：沖縄県立博物館・美術館

おいしいカニも食べた人びと

旧石器時代の日本列島（本州）に住んでいた人びとがどんなすがたをしていたのかは、きちんとした人骨の化石が発見されていないので、いまはまだわからない。しかし、沖縄の島じまに住んでいた旧石器時代の人びとの化石は、いくつか発見され、復元もされている。なかでも、たくさんの骨がのこっていて貴重なのが、沖縄県の港川遺跡から発掘された約2万年前の人骨化石「港川人骨」だ。

発掘された骨から、脚の筋肉はわりと発達しているが、身長は150センチメートル前後と低く、うでも細いことがわかった。そのため、小さな島で生きのびられるように小さな体になり、きびしい自然のなかでまずしい食生活を送っていたと考えられていた。ところが、人びとがくらしていた洞窟から、たくさんのモクズガニのハサミやウナギの骨、貝がらが発掘され、貝がら製のつり針も発見された。南の島の人びとは、本州の人びとと同じようにシカやイノシシなどの動物も食べたが、カニも食べ、ウナギなどの魚もつって食べていたことがわかった。

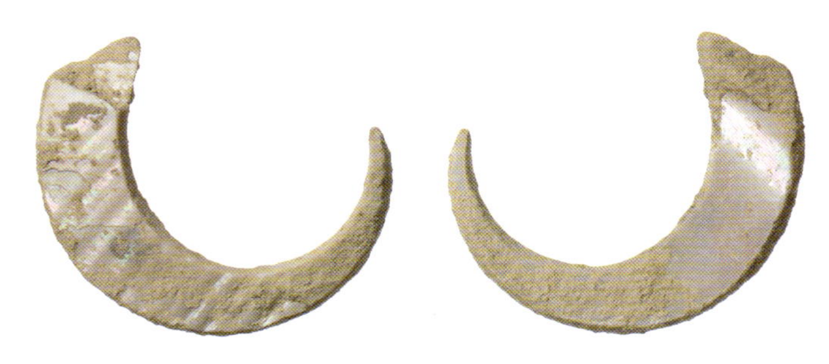

沖縄に住んでいた旧石器時代の人びとが使った、貝がらをけずってつくったつり針。約2万3000年前の世界最古のつり針とされる

写真提供：沖縄県立博物館・美術館

カニやウナギだって。
港川人ってグルメだなあ

日本でいちばん古い全身人骨

日本でいちばん古い全身人骨は、沖縄県の石垣島にある「白保竿根田原洞穴遺跡」から発見された「白保人骨」だ。白保竿根田原洞穴遺跡は旧石器時代に使われていたお墓の跡で、2008年～2016年にかけて、ここから約20人分の人骨化石が出土した。発掘された骨の年代をはかったところ、約2万7000年前という結果が出た。これは、人骨そのものを科学的な方法ではかってわかった日本でいちばん古い年代だ。

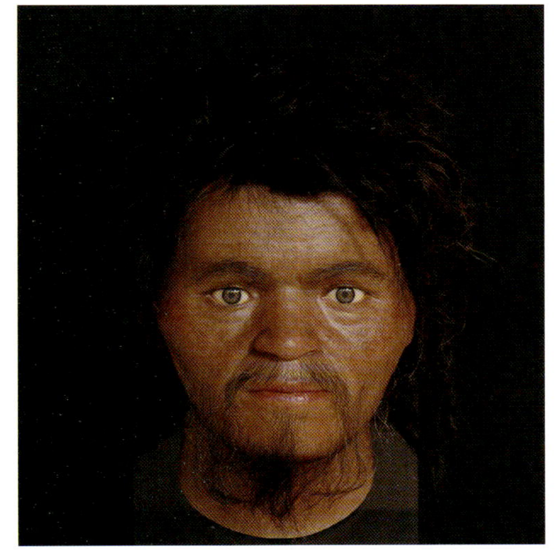

発見された白保人骨の頭蓋骨から顔を復元したもの。人骨を調べた結果、年齢は30歳～40歳前後、身長は165.2センチメートルで、港川人よりも南方の人びとに近いことがわかった

写真提供：国立科学博物館

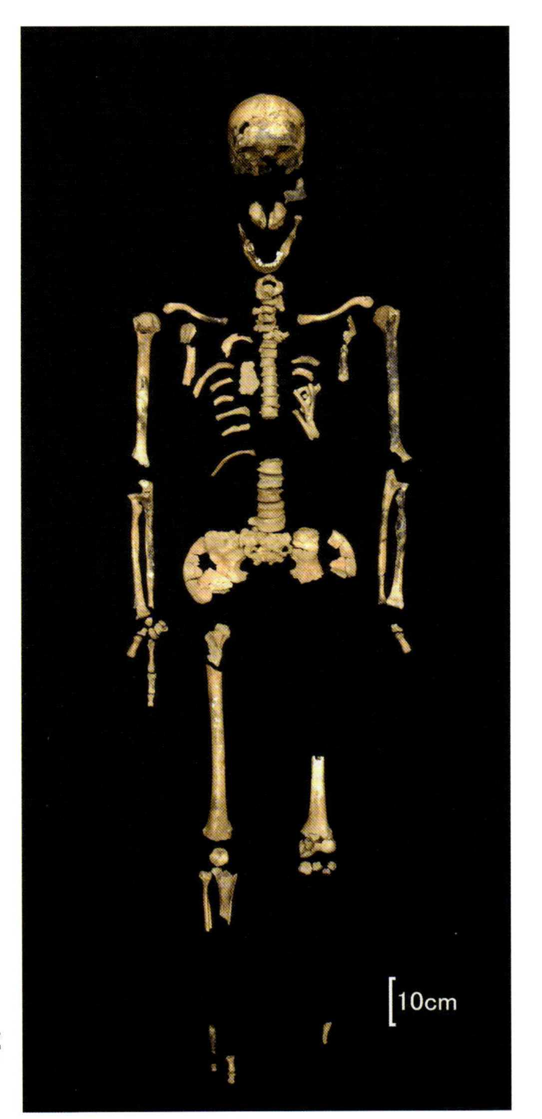

白保竿根田原洞穴遺跡から発見された人骨

写真提供：沖縄県立埋蔵文化財センター

本州でいちばん古い人骨の化石

本州で発見されているいちばん古い人骨は、旧石器時代（約2万2000年前～1万7000年前）の女性の骨の化石（右うでの骨と、頭の骨の一部など）だ。1960年代のはじめに静岡県旧浜北市（現浜松市）の石灰岩の採掘場から発見されたため、「浜北人骨」とよばれている。火山の多い日本列島は土が酸性なので、うまった骨は土のなかでとけてなくなってしまい、化石としてのこることはほとんどない。けれどもこの骨は、まわりの土が石灰岩で弱アルカリ性だったので、奇跡的にのこった。日本人のはじまりについて知ることのできる貴重な化石だ。

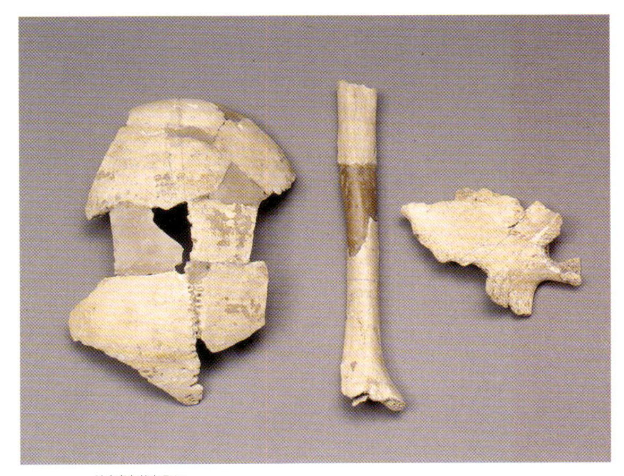

浜北人骨　写真提供：東京大学総合研究博物館

研究者にきいてみた！

サキタリ洞遺跡を調べてわかったこと

藤田祐樹先生
国立科学博物館
人類研究部
研究主幹

沖縄県南部のサキタリ洞遺跡の発掘調査をしている藤田祐樹先生に、旧石器人の食事や使っていた道具などについて教えてもらったよ。何万年も前に沖縄の島に住んでいた人たちは、どんなくらしをしていたんだろう

沖縄の旧石器人の食べもの

沖縄本島南部の港川遺跡では、約2万年前の人骨が発見されています。同じところから、リュウキュウジカやリュウキュウイノシシ、ヤンバルクイナ、オキナワトゲネズミなど森にいる動物の骨もたくさん見つかったので、沖縄の旧石器人はこのような動物をつかまえて食べていたと考えられてきました。

ところがわたしたちが2009年から調査しているサキタリ洞遺跡（遺跡の位置は18ページ参照）からは、約2万3000年前の旧石器時代の人骨とともに、モクズガニのつめの化石やカワニナ（巻き貝の一種）の貝がらがたくさん出てきました。港川遺跡とは1.5キロメートルしかはなれていないのに、港川遺跡でたくさん見つかっているイノシシの骨が少ししかないのです。カワニナの貝がらは、ふくまれている物質の季節ごとの変化を調べるといつ死んだかがわかります。発見された貝がらのほとんどは、いったん水温が上がってから下がりかけたときに死んでいました。つまり暑い夏がすぎ、秋になってから人に食べられたということです。

じつはモクズガニも秋がいちばんおいしい時期です。身はぎっしりつまり、カニミソもたっぷりです。サキタリ洞の前には川が流れていて、夜になると川を下るモクズガニがどっさりとれます。それをかかえて暗いなかを遠くまでもどるのは、毒ヘビのハブもいるしあぶない。だから秋になると港川人はここに一時的に移り住んでいたのではないでしょうか。港川遺跡から化石が出たイノシシやシカなどの哺乳類は、冬には体に脂肪をたくわえて栄養豊富になり、とれる毛皮も冬毛であたたかくなります。その時期にはサキタリ洞から港川にもどって、森で狩猟をしたのかもしれません。

「世界最古のつり針」を発見

旧石器時代は石器を使い、やりでマンモスを追いかけていたようなイメージがあります。でも沖縄にこの時期マンモスはいなかったし、本島南部には石器をつくるのに適した石がありません。代わりに貝を材料にえらんで加工したのでしょう。サキタリ洞には、二枚貝をわってつくった道具がありました。木や竹をけずるのに使っていたようです。さらに、ていねいにつくられた貝がら製

藤田先生が調査をつづけているサキタリ洞遺跡（沖縄県南城市）
写真提供：藤田祐樹

のつり針も出てきました。これは世界最古のつり針です（12ページ参照）。つり針かどうかをたしかめるため、貝がらを自分で同じようにけずって使ってみたところ、洞窟の前の川で体長約1メートル、重さ3キログラムのオオウナギをつりあげることができました。

ほかに、シマワスレという小さな半透明の二枚貝にあなをあけたものや、ツノガイという細長い貝を切ったものも見つかりました。小さいので道具ではなく、ビーズとして体を着かざっていたのでしょう。モクズガニは短時間でたくさんつかまえられるので、昼間はたっぷり時間があります。サキタリ洞に住んでいた旧石器時代の人びとは、つり針をつくって魚をつり、貝がらのビーズでおしゃれをする。そんな生活をしていたのではないかと想像できます。

サキタリ洞遺跡の発掘調査はいまもつづけられています。港川遺跡と近いので同じ人びとが行き来したはずですが、まったくべつの集団だった可能性も否定できません。秋だけでなく、ほかの季節はどこでなにをしていたのかも知りたいと思っています。

港川人はどんな環境でくらしていたのか

港川遺跡では4体の人骨がいい状態で出てきています。小柄で上半身がきゃしゃな体つきです（12ページ参照）。これと比較できる人骨は、少し時代が古くなりますが、石垣島の白保竿根田原洞穴の旧石器人です。身長は160センチメートルほどでより大きな体です（13ページ参照）。このように特徴がちがうので、琉球列島にはいくつかの集団がべつべつにきていたのかもしれません。

国立科学博物館の名誉研究員である馬場悠男先生が、港川人の骨を調べたところ、あごの骨につづく側頭筋が発達していること、成長するとちゅうで栄養不足か病気になった跡があることがわかりました。当時は地球の気候が寒冷化して生きるのにきびしい環境だったので、この研究の結果からすると食料がたりなくて苦労したようだと馬場先生は考えています。でもサキタリ洞ではカニが一年中とれるのに、いちばんおいしい時期だけしかこなかったのだとしたら、食料にはこまっていなかったのかもしれません。つり針をつくったり、ビーズで身をかざったりするよゆうもあったぐらいですから。このように研究者によって、同じ旧石器時代でもいろいろな見方があります。

旧石器時代の人骨は、ほかにも日本各地にねむっているはずです。わたしは沖縄の宮古島や久米島の洞窟や静岡県浜松市にある浜北人の洞窟も調査しています。人骨の遺伝子解析もすすんでいるので、これから多くのことがわかってくると期待しています。

サキタリ洞遺跡の見学会のようす　写真提供：藤田祐樹

おもな旧石器時代の遺跡

石器をつくる体験ができる施設もあるよ。挑戦してみよう！

日本では旧石器時代の遺跡が全国各地で見つかっている。たくさんの遺跡のなかから、とくべつな遺物が発見された遺跡や、旧石器時代のことを学べる施設のある遺跡を紹介する。

ナウマンゾウの牙とオオツノジカの角の化石

写真提供：野尻湖ナウマンゾウ博物館

野尻湖遺跡群（長野県）

3万年前～1万5000年前ごろの旧石器時代後期の遺跡が数多くあり、約4万年前の地層から、ナウマンゾウやシカの化石が発見されたことでも有名。人びとは狩りをしながらくらしていて、野尻湖のまわりの遺跡からは動物の骨や牙でつくった道具（骨角器）もたくさん発見されている

荒屋遺跡（新潟県）史跡＊1

旧石器時代のおわりごろの遺跡で、細石刃など数多くの石器が発見された。動物の骨や牙、皮の加工に使われた「荒屋型彫刻刀」と名づけられた石器は、シベリア、中国、朝鮮半島、日本、アラスカなど広い地域で使われている石器のひとつだ

荒屋型彫器

写真提供：ColBase（https://colbase.nich.go.jp/）

日向林B遺跡（長野県）

野尻湖遺跡群のひとつ。約3万年前の磨製石器をふくむ石器が60点出土し、砥石などの道具も見つかった。旧石器時代の局部磨製石器はめずらしく、世界でいちばん古いものとされる。石器やそのかけらが集中して見つかっていて、旧石器人のキャンプ地だったと考えられる

世界でいちばん古い局部磨製石器

写真提供：長野県埋蔵文化財センター

田名向原遺跡（神奈川県）史跡

約2万年前の旧石器時代後期の住居とみられる建物の跡が見つかった遺跡。黒曜石の石槍、ナイフ形石器などや、それらをつくったときの破片など3000点が出土した。住居跡には柱をたてるために掘られた12個のあなが等間隔に円形にならび、中央部には火を使った炉の跡もある

田名向原遺跡の日本でいちばん古い住居跡

写真提供：相模原市教育委員会

岩宿遺跡から発見された日本に旧石器時代の文化があったことを証明した石器

写真提供：岩宿博物館

＊1 史跡：国から指定された重要な遺跡。史跡は、2024年8月1日現在、全国で1895件ある

かんらん岩製のビーズ
写真提供：北海道デジタルミュージアム（所蔵：ピリカ旧石器文化館）

国宝になった黒曜石の石器（写真撮影：佐藤雅彦）
写真提供：白滝ジオパーク推進協議会（所蔵：遠軽町教育委員会）

ピリカ遺跡（北海道）史跡
20万点の旧石器時代の石器類が発見された大規模な遺跡。石器の種類も多く、33センチメートルもある大型の尖頭器も発見されている。この遺跡からはじめて発見された旧石器時代のかんらん岩製のビーズは、シベリアや中国などからきた可能性もあるといわれている

白滝遺跡群（北海道）史跡
大雪山の北側に広がる遺跡群で、多くの黒曜石の石器が発見され、世界的にも有名。約700万点、13トンもの石器が見つかっている。石器がどのようにつくられたのかがわかる接合資料＊2も多く、遺物の一部は国宝に指定されている

富沢遺跡・地底の森ミュージアム
写真提供：宮城県観光戦略課

富沢遺跡（宮城県）
狩りのためにキャンプをした跡と考えられ、2万年前のたき火の跡とそのまわりに約100点の石器が見つかった。おれたやりの先の石器を新しいものととりかえたことがわかるほか、樹木の幹や根、草の葉、昆虫、シカのフンなどから、当時どんな自然環境で旧石器人がくらしていたのかがわかる

岩宿遺跡（群馬県）史跡
縄文時代以前にも日本列島に人がいたことをあきらかにした遺跡。約3万5000年前の関東ローム層から、石斧ややりの先につけるナイフ形石器をはじめとした数かずの石器が見つかり、その後の調査で約2万5000年前の石器などもつぎつぎと発見されている

歴史を変えた石器の発見　岩宿遺跡

岩宿遺跡の発見は、「縄文時代よりも前に、日本には人は住んでいなかった」というそれまでの学説を変え、日本の考古学を発展させる大きなできごとだった。遺跡の発見者は、考古学に興味をもち土器や石器をあつめていた相沢忠洋さんだ。1946年、相沢さんは仕事の帰り道に、道のわきの赤土の斜面から小さな石器を見つけた。赤土の地層は旧石器時代のもので、ふしぎに思った相沢さんは何度も調査にやってくると、1949年に同じ地層から旧石器時代の黒曜石の槍先形石器を発見した。すぐに発掘調査がはじまり、その後旧石器時代に人が住んでいたことが証明された。

＊2 接合資料：石器をつくったのこりの石や、石器どうしをつなげて復元したもの

※写真は切り抜き加工をして掲載しています

泉福寺洞窟（長崎県）史跡

旧石器時代のナイフ形石器や細石器などとともに、縄文時代初期の土器が見つかった遺跡。旧石器時代末期から縄文時代初期へのうつりかわりを知ることができる。発見された約1万6000年前の豆粒文土器は日本でいちばん早くつくられたもので、世界でももっとも古い土器ではないかとされる

福井洞窟
写真提供：佐世保市教育委員会

福井洞窟（長崎県）史跡

約1万7700年前の炉の跡が見つかった洞窟遺跡。石器や土器が約7万点以上見つかり、1万9000年前の旧石器時代から縄文時代に定住生活をするようになるまでの道具の変化とくらしのようすがわかる

三年山遺跡（佐賀県）

旧石器時代のおわりから縄文時代のはじめにかけて石器をつくっていた跡が見られる遺跡。石器は近くの鬼ノ鼻山の北側でとれるサヌカイトを材料にしていた。つくっているとちゅうで出た破片もふくめて約1万9000点の石器類が見つかっている。やりの先端につける大型の石器が多い

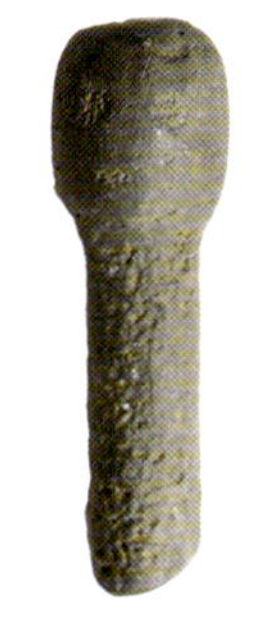
日本でいちばん古い人型の遺物とされるこけし形石偶。約2万年前のもの
写真提供：豊後大野市教育委員会

岩戸遺跡（大分県）史跡

約2万年前の、こけしのような形をした石（こけし形石偶）が見つかったことで知られる遺跡。石をならべた墓のようなものもある。ナイフ形石器などの石器類も多く見つかっている

宮ノ上遺跡（鹿児島県）

3万5000点以上の旧石器時代の石器などが見つかった遺跡。もっとも古いのは約2万年前のものだ。ナイフ形石器が多く、石器の接合資料も多く見つかっている。近くで原材料となる頁岩がとれるので、さかんに石器がつくられていた

白保竿根田原洞穴遺跡

（沖縄県・石垣島）

石垣島にある旧石器時代の日本でもっとも古い墓とみられる遺跡。約2万7000年前〜2万年前のもので、19人以上とみられる約1100の人骨の破片が見つかった

貝がらをけずってつくられた世界でいちばん古いつり針
写真提供：沖縄県立博物館・美術館

サキタリ洞遺跡（沖縄県）

約2万3000年前にまき貝の貝がらでつくった世界でいちばん古いつり針が見つかった遺跡。3万5000年前ごろから人がくらしていたらしく、人骨のほかに魚の骨や貝も見つかっている

港川遺跡（沖縄県）

約2万年前の人骨が見つかった沖縄本島の遺跡。4人分の全身の骨もあり保存状態がいい。港川人は身長は150センチメートル前後だが、小柄なわりに手足は大きかった

港川人
写真提供：沖縄県立博物館・美術館

冠遺跡から発見された石器にする材料をとったあとの石。ひとつの石からどうやって石器をつくったかがわかる。日本で最大級の大きさで、重さは108キログラムある

写真提供：広島県立埋蔵文化財センター（撮影：広島県教育事業団）

国府型ナイフ形石器。西日本一帯でみられる技法によってつくられた石器で、石をわってできた横長のかけらを素材とした。棒の先につけてやりのようにして使った

写真提供：藤井寺市教育委員会

国府遺跡（大阪府）史跡

約2万年前の旧石器時代から縄文時代、弥生時代、古墳時代、中世にいたる遺跡。国府型ナイフ形石器の制作工程がわかる石器が見つかった。また、縄文・弥生時代の人骨も発見されている。奈良時代の河内国府（河内国の政治の中心地）の推定地でもある

サヌカイトでつくられたナイフ形石器

写真提供：香芝市教育委員会

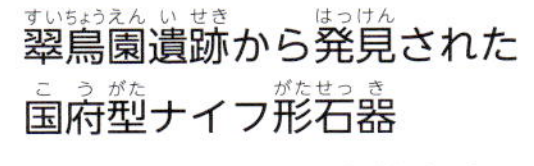

翠鳥園遺跡から発見された国府型ナイフ形石器

写真提供：羽曳野市教育委員会

冠遺跡群（広島県）

安山岩がとれる中国山地にあり、旧石器時代から縄文時代まで4つの時期の石器群が見つかっている。石器の接合資料のほかに、ナイフ形石器、台形様石器など各種の石器も出土している

二上山北麓遺跡群（奈良県）

後期旧石器時代の遺跡が70か所以上あり、ここで安山岩の一種のサヌカイトから石器がつくられていた。サヌカイトはガラスのような性質の石で、わるとするどい刃ができるため石器をつくりやすい。サヌカイトを掘りだしたと思われるあなもあり、これだけ古い時代のものは世界でもめずらしい

翠鳥園遺跡（大阪府）

大阪平野の羽曳野丘陵にある2万8000年前の遺跡で、石器をつくっていた加工場だった。2万3000点の石器類が出土し、発見された石器の破片などから、どのようにしてサヌカイトの原石をわり、ナイフ形石器をつくっていったかがわかった

宮崎平野遺跡群（宮崎県）

2万年ほど前の旧石器時代の遺跡から、狩猟に使う尖頭器が数多く発見された。うすくはがれやすい石を材料に、やりの先につけるかたくするどい石器をつくっていた。3万年前よりも古い時期の石器や、旧石器時代のおわりごろにつくられた動物の落としあなも多く見つかっている

剥片尖頭器。石をわってできた細いかけらのするどくなった部分をそのまま利用した石器。棒の先につけてやりのようにして使った

写真提供：宮崎県埋蔵文化財センター

立切遺跡（鹿児島県・種子島）史跡

種子島にある遺跡で、旧石器時代に日本列島にどのようにして人がやってきたかを研究するために重要とされる。狩りに使われた日本でもっとも古い約3万5000年前の落としあなや、料理をした跡とみられる焼けた土と礫群（石のあつまり）も発見された

※写真は切り抜き加工をして掲載しています

ホモ・サピエンスの広がり

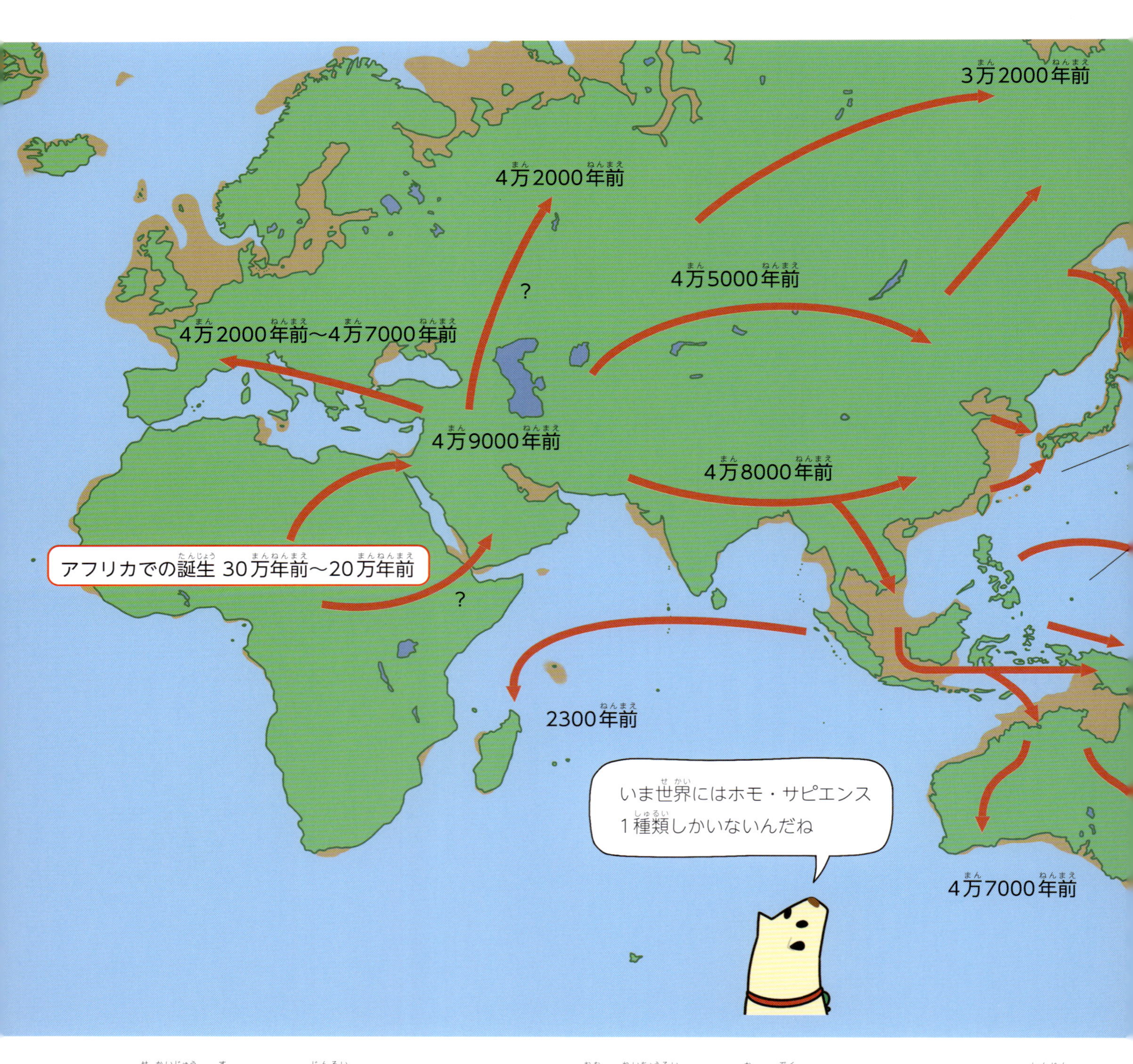

いま世界中に住んでいる人類は、オランウータンなどと同じ霊長類のヒト科に属する「ホモ・サピエンス（新人）」というただひとつの種だ。30万年前～20万年前にアフリカで生まれ、4万9000年ほど前にアフリカを出て、数万年という時間をかけて世界中に広まっていった。

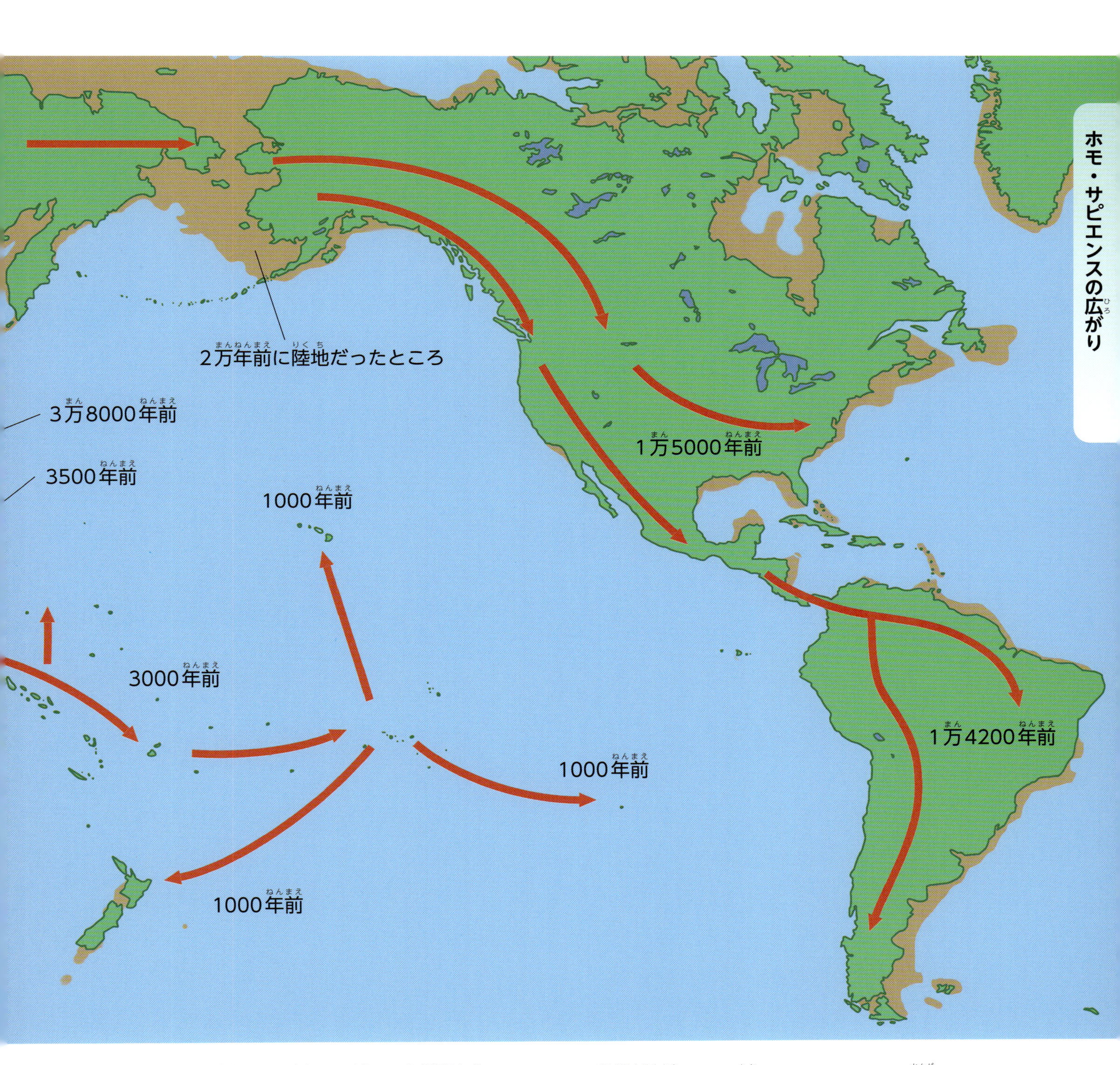

日本列島には、3万8000年ほど前に、中国南部やサハリン、朝鮮半島などを通ってやってきたと考えられている。アフリカでホモ・サピエンスが生まれるまでに20種類以上の人類がいたことや、はじめの人類は700万年ほど前にアフリカで生まれたことが、発見された化石などからわかっている。

出典：東京大学総合研究博物館・海部陽介の図版（海部陽介著『人間らしさとは何か　生きる意味をさぐる人類学講義』河出書房新社に掲載）をもとに作成

人類のはじまりはアフリカ

多地域並行進化説とアフリカ単一起源説

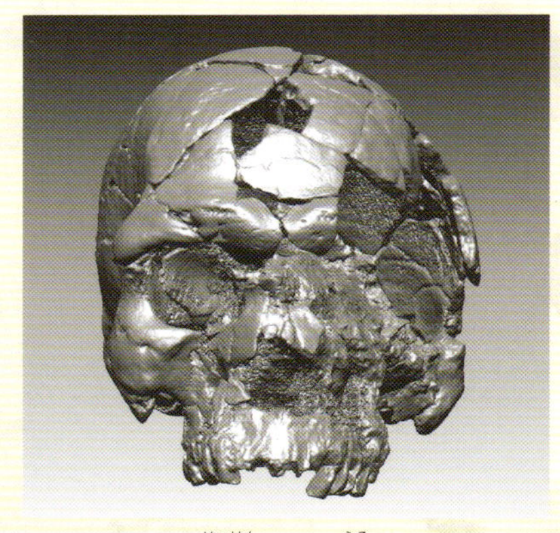
エチオピアで発見された古いホモ・サピエンス「ヘルト人」の頭の骨（マイクロCT撮像データ）　写真提供：諏訪元

「ホモ・サピエンスがどのようにして世界中に広まったのか」という疑問については、いままでふたつの考えかたがあった。ひとつは、アフリカで生まれた原人の一種「ホモ・エレクトス」が約100万年前にアフリカを出て世界各地に広まり、それぞれの地域で原人から新人に進化したという「多地域並行進化説」。もうひとつは、30万年前～20万年ほど前にアフリカで生まれた新人の「ホモ・サピエンス」が4万9000年ほど前にアフリカを出て、世界中に広まったという「アフリカ単一起源説」だ。

かつては「多地域並行進化説」が有力で、アジアではホモ・エレクトスのなかまの北京原人やジャワ原人から進化してホモ・サピエンスが生まれ、ヨーロッパなどではホモ・ネアンデルターレンシスから進化してホモ・サピエンスが生まれたと考えられていた。ところが1997年、アフリカ東部のエチオピアで、およそ16万年前の古い時代のホモ・サピエンス（ヘルト人）の頭の骨が見つかった。かなり古い時期からアフリカにホモ・サピエンスがいたことの証拠だ。また、2001年に保存状態のよいジャワ原人の頭の骨が見つかり、ジャワ原人はジャワ島の地域だけで進化して絶滅した種で、ホモ・サピエンスにはつながらないことがわかった。これらのことから、いまは「アフリカ単一起源説」のほうが支持されている。

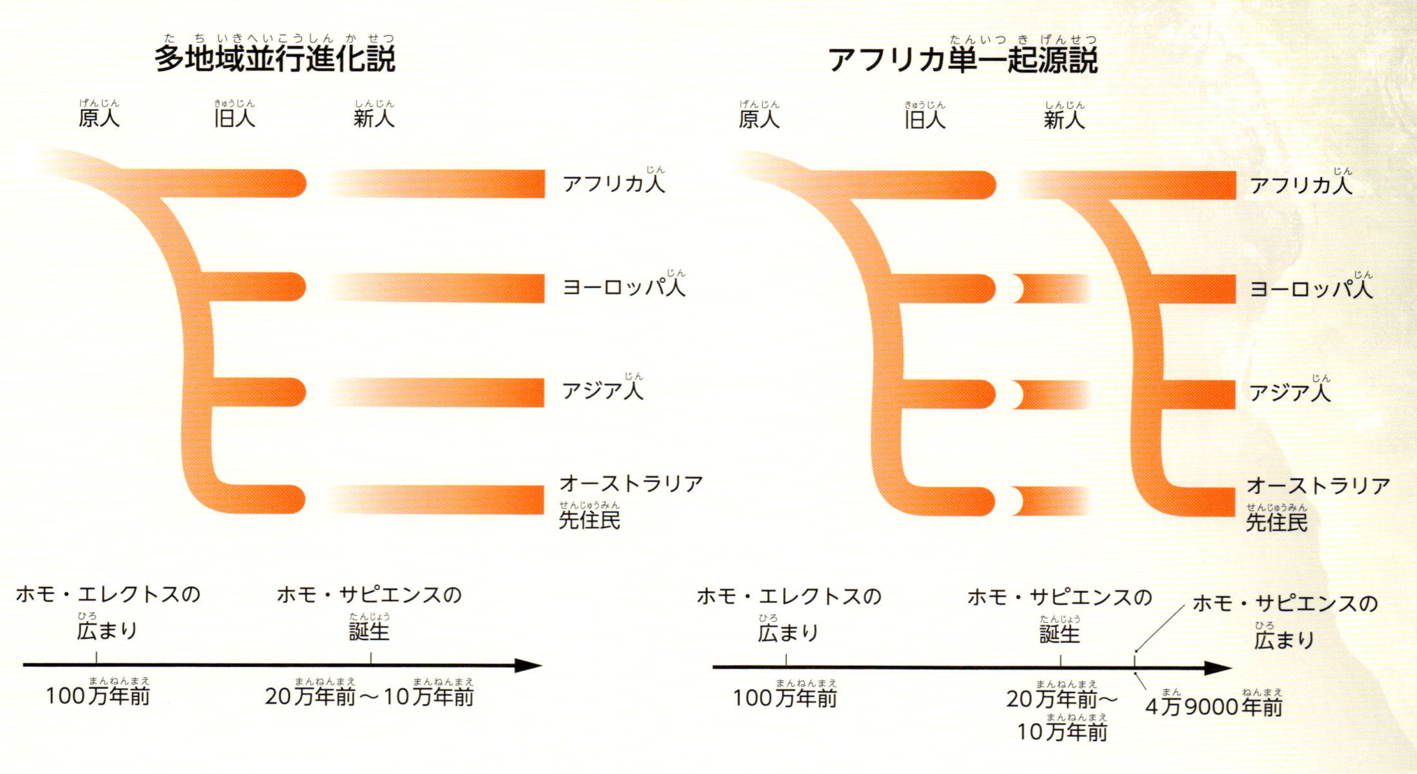

多地域並行進化説とアフリカ単一起源説

人類の進化のヒミツをとくDNA研究

あなたは、お母さんににているだろうか？　お父さんににているだろうか？　子どもの顔や体のようすが両親とにているのは、なぜだろうか？　それは、あなたの体の特徴となる形や性質を決めるもとになる情報（遺伝情報）を、父親と母親から半分ずつもらっているからだ。

この遺伝情報は、細胞の核のなかの染色体にふくまれているDNA（デオキシリボ核酸）に保存されている。DNA（デオキシリボ核酸）はA（アデニン）、T（チミン）、G（グアニン）、C（シトシン）という４つの部品（塩基）がつながった細長い糸のようなもので、電子顕微鏡で拡大すると長いはしごをねじったような形（二重らせん構造）になっている。遺伝情報は、DNAの４つの部品（塩基）のならびかたによって暗号のように書かれている。長いDNAのなかで遺伝情報が書かれている部分を遺伝子という。DNAが保存されている染色体は、生きものによって本数が決まっている。ヒトの場合は46本（23対）で、父親と母親から受けついだものがそれぞれ１本ずつ対になっている。46本あるヒトの染色体のDNAに記録される遺伝情報すべてを「ゲノム」とよび、４つの部品（塩基）のならびかたを調べることで情報を読みとり、さまざまな研究がおこなわれる。

いまの人類学の研究では、このヒトのゲノム情報を使って、人類（ホモ・サピエンス）がどのように世界に広まったのかを調べたり、古代人のDNAとくらべることで、ホモ・サピエンスがいつごろどのように進化してきたのかを研究できるようになってきている。1987年に発表された、母親のみから受けつがれるミトコンドリアDNAの調査の結果からは、およそ15万年前～20万年前にアフリカにいた女性が現生人類の祖先であることがわかっている。父親から息子に受けつがれるY染色体の調査からも、祖先はアフリカにいたことが有力視されている。こうしたDNAを調べる研究によっても、「アフリカ単一起源説」は広くみとめられるようになってきた。

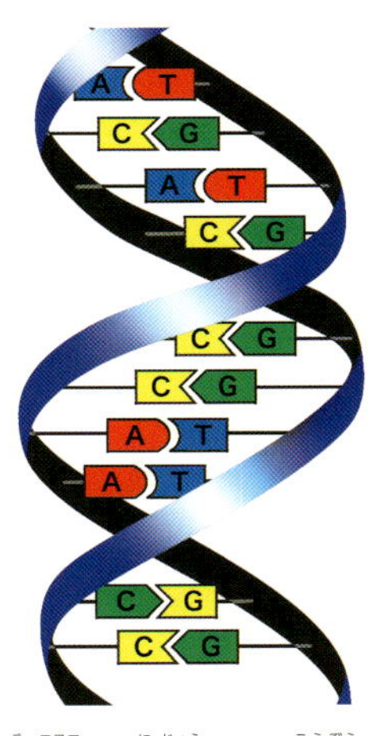

DNAの二重らせん構造

出典：「バイオステーション」の「用語集」より「DNA」の図を加工して作成

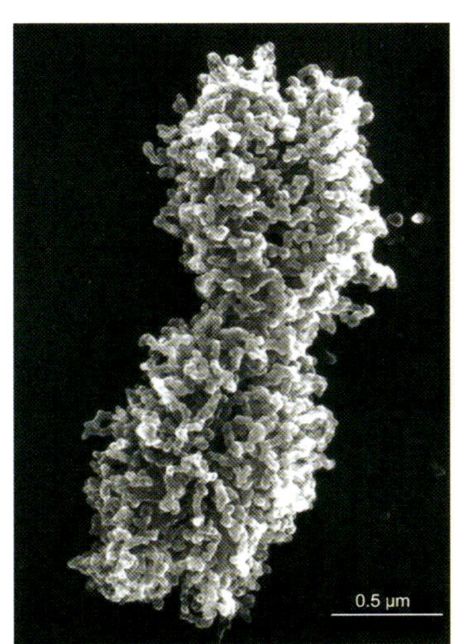

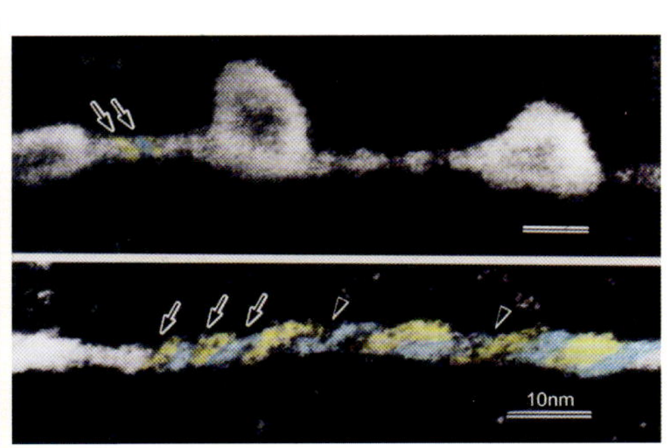

電子顕微鏡で拡大した染色体（写真左）

電子顕微鏡で見た染色体のなかのDNA。長くねじれてのびているのがわかる（写真右）

写真提供：鳥取大学医学部　解剖学講座　稲賀すみれ

出典（アフリカの画像p22～29）：国土交通省国土地理院ウェブサイト「地理院タイル」の「世界衛星モザイク画像」〈データソース：Images on 世界衛星モザイク画像 obtained from site https://lpdaac.usgs.gov/data_access maintained by the NASA Land Processes Distributed Active Archive Center (LP DAAC), USGS/Earth Resources Observation and Science (EROS) Center, Sioux Falls, South Dakota, (Year). Source of image data product.〉を加工して作成

人類の進化

現在

がんじょう型猿人
パラントロプス属

100万年前

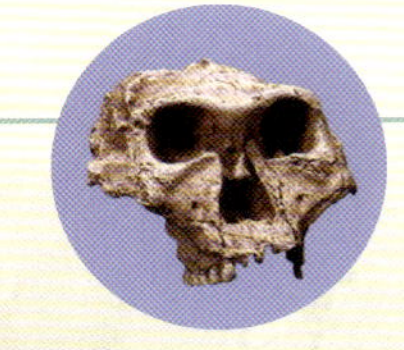

パラントロプス・ロブストス

パラントロプス・ボイセイ

200万年前

アウストラロピテクス・セディバ

アウストラロピテクス・ガルヒ

パラントロプス・エチオピクス

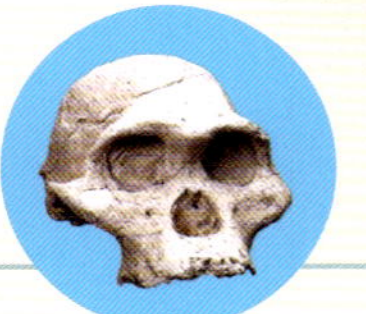

300万年前

アウストラロピテクス・アフリカヌス

ケニアントロプス・プラティオプス

アウストラロピテクス・アファレンシス

400万年前

アウストラロピテクス・アナメンシス

きゃしゃ型猿人
アウストラロピテクス属

アルディピテクス・ラミダス

500万年前

アルディピテクス・カダバ

初期ヒト属（猿人）

オロリン・トゥゲネンシス

600万年前

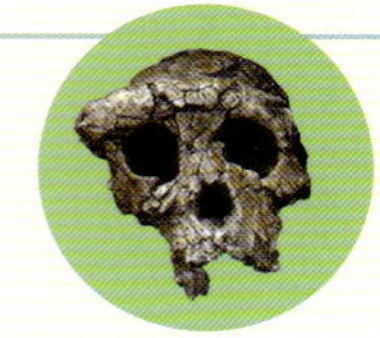

サヘラントロプス・チャデンシス

700万年前

写真提供（p24 ～ 29）：沖縄県立博物館・美術館、群馬県立自然史博物館

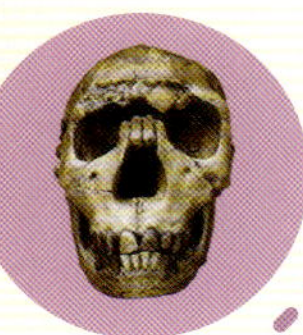
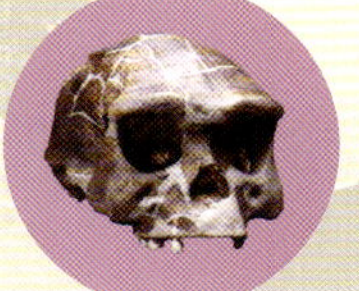
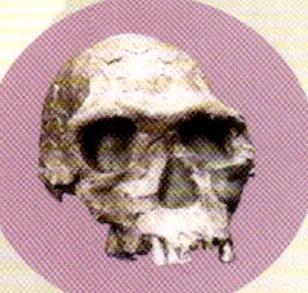

ここで紹介しているほかにもなかまが見つかっていて、もっと見つかるかもしれないんだよ

たくさんいた人類のなかま

いま生きている人類「ホモ・サピエンス（新人）」は、700万年以上前にあらわれた2本の足で立って歩く「猿人」から進化した。猿人はヒトとオランウータンなどの類人猿との共通の祖先から1000万年ほど前に分かれたと考えられている。約300万年前になると猿人のなかに道具を使う猿人があらわれ、約200万年前には、さらに脳が発達した「原人」があらわれた。原人は石器をつくって狩りをし、火を使いはじめた。約40万年前にあらわれた「旧人」は、精神的にも進化し、埋葬をおこなっていた。その後誕生したホモ・サピエンス（新人）は、高い技術を身につけ、ことばをあやつり、集団で狩猟・採集生活をおこなった。新人が誕生するまでに「猿人」、「原人」、「旧人」、「新人」と大きく４つのグループがあり、人類のなかまは20種類以上も生まれた。ホモ・サピエンス以外の種はとちゅうで絶滅してしまい、いま地球上にはホモ・サピエンスだけしか生きのこっていない。ただ、進化の流れはとてもゆっくりで、新しい種が誕生してもそれより古い種がしばらくのあいだは生きていて、だんだんと数をへらし、種が変わっていった。たとえばホモ・サピエンスより前に生きていたホモ・ネアンデルターレンシス（ネアンデルタール人）は、ホモ・サピエンスと数万年間は同じ時代を生きたと考えられ、ネアンデルタール人とホモ・サピエンスのあいだに子どもが生まれたことがわかっている。

※写真は切り抜き加工をして掲載しています

人類のなかまファイル

人類は、いつごろどこで生まれて、世界中に広まっていったのか。「人類誕生の歴史」を考えるうえで大きな発見となった人骨の化石をいくつか紹介する。

年代：700万年前～600万年前
脳の大きさ：320cm³～380cm³
身長：不明

サヘラントロプス・チャデンシス

これまで確認されたなかで最古の人類

2001年に中央アフリカのチャドで、最初期の人類のものとされる人骨の化石が発見された。頭の骨を背骨がささえているので、立ちあがって2足歩行をしていたと考えられる。脳の大きさはチンパンジーと同じぐらいだ。

年代：370万年前～300万年前
脳の大きさ：378cm³～550cm³
身長：男性1.5m、女性1.05m

アウストラロピテクス・アファレンシス

女性の人骨「ルーシー」が広く知られる猿人

現在の人類につながる可能性があるとされる猿人。1974年にエチオピアで発見された女性の人骨化石「ルーシー」が有名だ。つちふまずがあって、2足歩行がしやすい。3人で歩く大小の足跡の化石も発見されている。

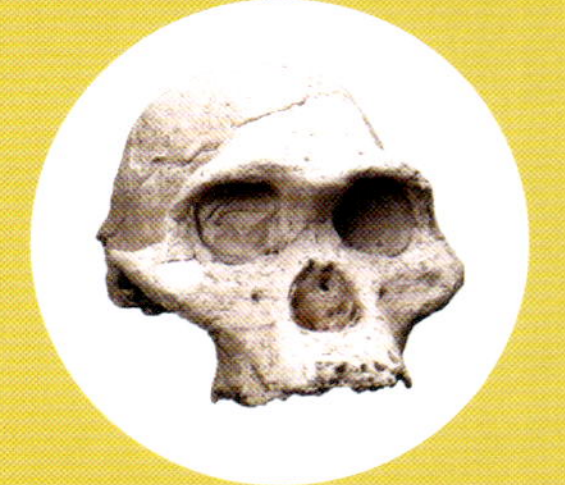

年代：330万年前～210万年前
脳の大きさ：428cm³～625cm³
身長：男性1.35m、女性1.1m

アウストラロピテクス・アフリカヌス

道具を使っていたかもしれない猿人

南アフリカの採石場で発見され、1925年に類人猿の絶滅種「アウストラロピテクス・アフリカヌス」と命名された。猿人としては脳が大きく、手の形がヒトににているので、道具を使ったのではないかと考えられている。

火を使うことをおぼえて、やわらかい肉が食べられるようになったおかげで、栄養やエネルギーが脳にたくさんいくようになり、ヒトへと進化していったんだって

年代：230万年前～140万年前
脳の大きさ：475cm³～545cm³
身長：男性1.37m、女性1.24m

パラントロプス・ボイセイ

あごや歯が大きな猿人

あごの骨や歯、側頭（頭の横側）の筋肉が発達し、木の実などをかみくだき、かむ力はいまの人類の何倍も強かった。「がんじょう型猿人」のなかまはやがて絶滅するが、パラントロプス・ボイセイは最後まで生きのこった。

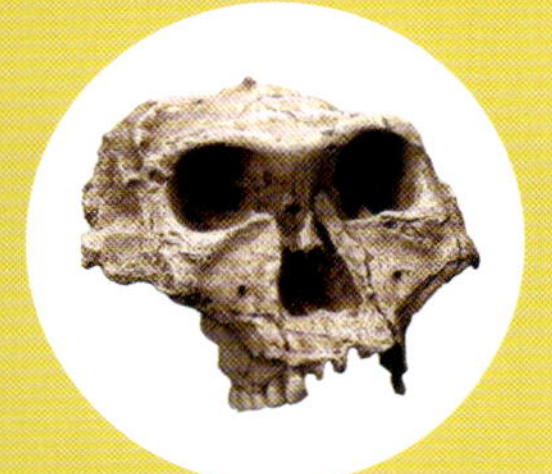

年代：200万年前～150万年前
脳の大きさ：530cm³
身長：1.1m ～ 1.3m

パラントロプス・ロブストス

最初に発見されたがんじょう型猿人

かたい木の実を食べるために歯とあごがとても発達して、顔の幅がとても広い。パラントロプス属は、かむ力を生みだす大きな側頭（顔の横側）の筋肉がつくために、頭のてっぺんは山の峰のようになっている。

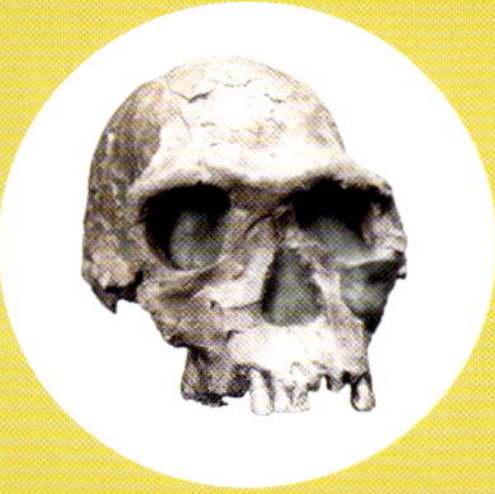

年代：240万年前～160万年前
脳の大きさ：600cm³～700cm³
身長：1m～1.35m

ホモ・ハビリス

猿人から進化した初期の原人

1964年にタンザニアの峡谷で発見された原人。体つきは猿人とあまり変わらないが、人類最古の石器も同じ峡谷から見つかり、最初に石器をつくったことが確認された。死んだ動物の肉も食べていたと考えられる。

※写真は切り抜き加工をして掲載しています

年代：190万年前～150万年前
脳の大きさ：600cm³～910cm³
身長：1.45m ～ 1.85m

ホモ・エルガステル

現生人類（新人）に近い体型の原人

多くの石器とともに骨の化石が見つかるホモ・エルガステルは、身長や手足の長さが現生人類に近い。ケニアでほぼ完全な全身骨格が発見された「トゥルカナ・ボーイ」は、年は9歳くらいで身長は160センチメートルほどだ。

初期人類が使用した石器
180万年前～80万年前のもの。長さ12.2、幅9、厚さ6.8センチメートル。伝北西アフリカ・サハラ砂漠出土

写真提供：ColBase(https://colbase.nich.go.jp/)

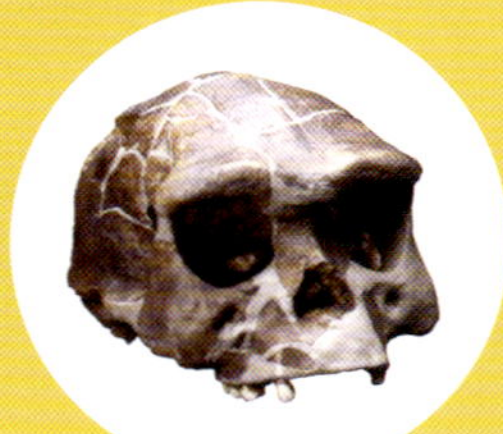

年代：180万年前～3万年前
脳の大きさ：750cm³～1200cm³
身長：1.6m～1.8m

ホモ・エレクトス

アフリカから外に出た最初の人類

ホモ・ハビリスより脳が大きく歯が小さいのが特徴で、火を使い、狩りをしたとされる。はじめてアフリカからほかの地に広まったジャワ原人や北京原人もホモ・エレクトスのなかまだ。かんたんなことばを話したという説もある。

初期人類が使用した石器（にぎりおの）
120万年前～50万年前のもの。長さ17.8、幅9、厚さ6センチメートル。伝北アフリカ・サハラ砂漠北西出土

写真提供：ColBase(https://colbase.nich.go.jp/)

年代：60万年前～20万年前
脳の大きさ：1100cm³～1400cm³
身長：1.45m ～ 1.85m

ホモ・ハイデルベルゲンシス

ホモ・サピエンスとネアンデルタール人の祖先

ホモ・エレクトスから進化した原人。ドイツのハイデルベルクをはじめ、ヨーロッパ、アフリカ、中国でも化石が見つかった。ホモ・サピエンス、ホモ・ネアンデルターレンシス（ネアンデルタール人）の祖先になったとされる。

年代：35万年前～2万8000年前
脳の大きさ：1200cm³～1750cm³
身長：1.52m ～ 1.68m

ホモ・ネアンデルターレンシス

高い能力をもちヨーロッパでさかえた旧人

1856年にドイツ・デュッセルドルフ近くのネアンデル渓谷で化石が発見された旧人。外見はいまのヨーロッパ人ににていて、衣服をつくり、化粧をし、亡くなった人をとむらう習慣もあったようだ。約2万8000年前に絶滅した。

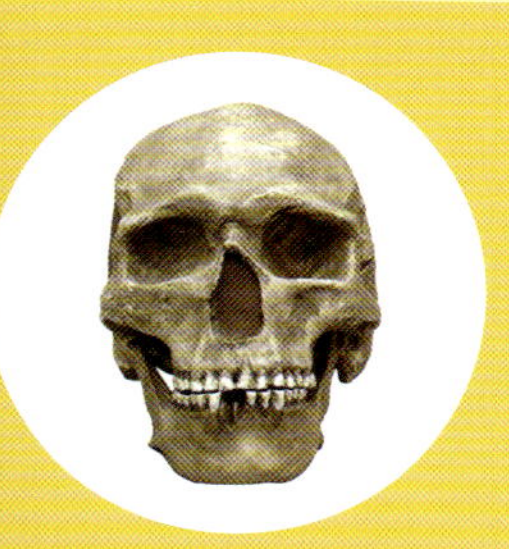

年代：30万年前～現在
脳の大きさ：1000cm³～2000cm³
身長：1.5m ～ 1.8m

ホモ・サピエンス

いまの人類に直接つながる祖先

いま世界中で生活する人類の祖先。アフリカで誕生し、旧人に対し新人（現生人類）に位置づけられる。加工に高い技術がいる細石器をつくり、投げやりなど飛び道具を使い、集団で狩りをして生きのびる知恵を身につけた。

発見された化石から、ネアンデルタール人とホモ・サピエンスは同時代に同じ地域に住んでいたことがわかっているよ

現代人にのこるネアンデルタール人のDNA

ホモ・ネアンデルターレンシス（ネアンデルタール人）は約35万年前から長いあいだ、いまのヨーロッパ、中東、中央アジアにかけての広い範囲にくらしていた旧人で、アフリカからやってきたホモ・サピエンスにほろぼされたと、以前は考えられていた。ところが、ネアンデルタール人がいなくなるより前の約5万4000年前にも西ヨーロッパにホモ・サピエンスがいたことがわかる化石が見つかり、ホモ・サピエンスとネアンデルタール人は、数万年間は同じ場所で共存していた可能性が高いことがわかった。これは、ネアンデルタール人の骨の化石のDNAと現代人のDNAのすべての遺伝情報をくらべた結果からも証明された。現代人の遺伝情報の一部に、ネアンデルタール人から受けつがれたものがまざっていることがわかったのだ。つまり、ホモ・サピエンスとネアンデルタール人とのあいだに子どもが生まれ、現代の人びとにつながっていることをしめしていて、ネアンデルタール人はホモ・サピエンスにほろぼされたわけではないということになる。

ではなぜネアンデルタール人はほろんだのだろうか。気候変動で寒さがきびしくなったためという説や、ホモ・サピエンスがもっていた病原菌が原因という説もある。また、ホモ・サピエンスよりも脳の前頭葉が小さいことから、生存していくための知恵がたりなかったのではないかともいわれている。

※写真は切り抜き加工をして掲載しています

縄文時代の人びとのくらし

縄文時代早期の遺跡のひとつ、上野原遺跡（鹿児島県）で復元された竪穴住居のムラ（定住集落）　写真提供：上野原縄文の森

定住生活がはじまる

いまから1万6000年前の旧石器時代のおわりごろになると、地球の気候が変わって、だんだんとあたたかくなった。日本でも、針葉樹ばかりだった森が、東日本ではクリ、クルミ、ブナ、トチなどの落葉樹の森*1に、西日本ではカシなどの常緑広葉樹の森に変わった。落葉樹や常緑広葉樹の森では、木の実が多くとれた。針葉樹林にすんでいたマンモスやナウマンゾウはいなくなり、イノシシやシカ、キツネやタヌキ、ウサギなどがすむようになった。気温が上がったことで氷河がとけて海面が上昇し、海岸線が内陸まで移動した。入り江や砂浜ではたくさんの魚や貝がとれ、川には海からサケやマスがのぼってくるようになった。

人びとはえものを追いかけて移動しながらくらす狩猟・採集生活を送っていたが、洞窟を利用したり、地面を掘って竪穴住居をつくったりして、住むところを定めてくらしはじめた。住む家をつくるための木を森から切りだしたり、木を加工したりするのに、かたい石をみがいてつくる磨製石器の石斧が使われるようになっていった。

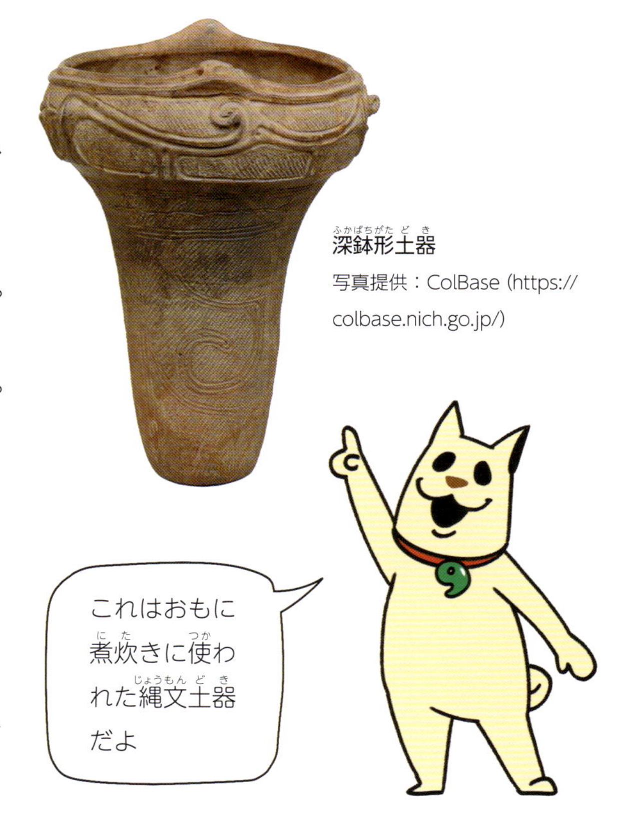

これはおもに煮炊きに使われた縄文土器だよ

深鉢形土器
写真提供：ColBase (https://colbase.nich.go.jp/)

*1 落葉樹の森：クリ、クルミ、ブナ、トチなどの落葉樹は東日本に多く、西日本の常緑広葉樹の森よりも明るくて住みやすい。東日本の川にはサケやマスなどがのぼってきていたため、縄文時代中期までは東日本のほうが人口が多かった

福岡県久留米市の正福寺遺跡から見つかった4000年前のドングリ。水分の多い土のなかにあったのでくさらずにのこった　写真提供：久留米市教育委員会

磨製石斧。縄文時代のなかごろ、いまから5000年前～4000年前のもの。東京都東久留米市出土
写真提供：ColBase (https://colbase.nich.go.jp/)

矢じり。矢の先につけて使う。根元のほうの茶色くなっている部分（点線部分）は接着のために使った天然アスファルトの跡。青森県むつ市ほか出土
写真提供：ColBase (https://colbase.nich.go.jp/)

鹿の角でつくったつり針。青森県東道ノ上（3）遺跡出土
写真提供：東北町教育委員会

くらしを変えた土器の利用

あたたかくなって木の実や魚や貝など食べられるものが豊富になったこと、氷河時代のおわりごろから土器がつくられるようになったことが、人びとのくらしを大きく変えた。

日本では、あたたかくなりはじめた1万6000年前から米づくりが広まるまでの1万3000年あまりのあいだを、発見された土器につけられた名前から、縄文時代とよんでいる。縄文時代の人びとは、そのまま食べると毒になってしまう山菜やしぶくて食べられないドングリ*2などの木の実をにて、毒をなくしたりあくをとったりすることで食べられるようにした。遺跡ではドングリを貯蔵したあなや大きな土器が発見されていて、あつめた木の実を冬のあいだの食料としてたくわえていたことがわかっている。発掘された土器を調べた結果、肉や魚や貝を土器でにてスープにして食べたこともわかった。海岸近くにある縄文時代の遺跡には、食べた貝がらをすてたり、死んだ人を埋葬したりするために使った貝塚がのこっていることがある。

発見された矢じりやつり針から、縄文人は動きの速い動物をしとめるために弓矢をつくりだし、しとめた動物の骨や角を使ってつり針などの漁具をつくりだしたこともわかっている。

水子貝塚（埼玉県）を調べて復元した貝のスープの材料。ハマグリ・ヤマトシジミ・マガキなどの貝類やノビルなどの野草、海藻を使う
写真提供：角川文化振興財団

縄文時代の狭山丘陵（埼玉県）で食べられていたクッキーを復元（写真手前）。材料はトチノキ・オニグルミ・クリなどの木の実、ヤマノイモ、ウズラの卵。右のうつわのなかみはおしるこの材料で、ヤブツルアズキ
写真提供：角川文化振興財団

＊2 ドングリ：クヌギ・ナラなどの落葉樹やカシ・シイなどの常緑広葉樹の木の実をさす総称。シイ類以外は食べるのにあくぬきが必要

※写真は切り抜き加工をして掲載しています

縄文時代の人びとの道具

縄文時代の人びとは、春には野山で山菜を、夏には川や海で魚をとり、秋には森で木の実をあつめ、冬には動物を狩りでしとめてくらしていた。土器や弓矢をつくりだしたばかりではなく、木の皮でかごを編んだり、ウルシをぬった木のうつわをつくったり、植物の繊維で布をつくったりもした。自然の動植物についての知識が、現代の人びとが想像する以上に豊かだったことがわかる。

調理道具

縄文土器

食料を煮炊きするために使われ、地方や時代によって形やもようがいろいろと変化する。縄目のもようがついていないものもある。写真は深鉢形土器、高さ68センチメートル

写真提供：ColBase（https://colbase.nich.go.jp/）

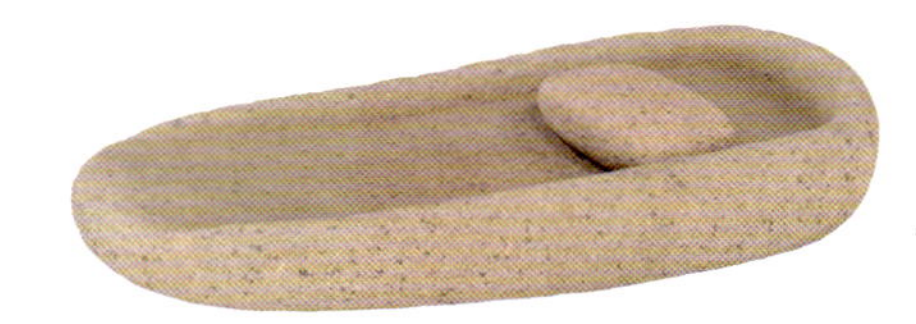

石皿と磨石

石皿の上にドングリなどの木の実をのせ、磨石などを使ってすりつぶして粉にした

写真提供：ColBase（https://colbase.nich.go.jp/）

石匙（石のナイフ）

細くなった部分にひもをかけた小型の石のナイフ

写真提供：ColBase（https://colbase.nich.go.jp/）

木製品や布製品

編かご

ヒノキの樹皮を編んでつくったポシェットと、なかに入っていたクルミ

写真提供：三内丸山遺跡センター

ウルシをぬった木のうつわ

縄文時代の人びとは、ウルシをぬると水に強くなって長もちすることを知っていた。赤はとくべつな色だったという説があり、このようなうつわがまつりなどの儀式で使われていた可能性がある　写真提供：是川縄文館

編布

土器についていたもようや炭になった布の遺物などから、縄文時代に布が利用されていたことがわかった。鳥浜貝塚（福井県）からは、麻を材料にして編まれた布の一部がそのまま出てきた

写真提供：福井県立若狭歴史博物館

狩猟や漁労の道具

矢じりと弓

縄文時代には、動きの速い動物をしとめるために、弓矢が使われた。写真左は、矢の先につけた石製の矢じり。写真右は、下宅部遺跡（東京都）から発掘されたウルシがぬられた弓

写真提供：（矢じり）ColBase（https://colbase.nich.go.jp/）、（弓）東村山ふるさと歴史館

つり針と魚をとる網のおもり

鹿の角をけずってつくったつり針と魚をとる網に使われた石のおもり

写真提供：ColBase（https://colbase.nich.go.jp/）

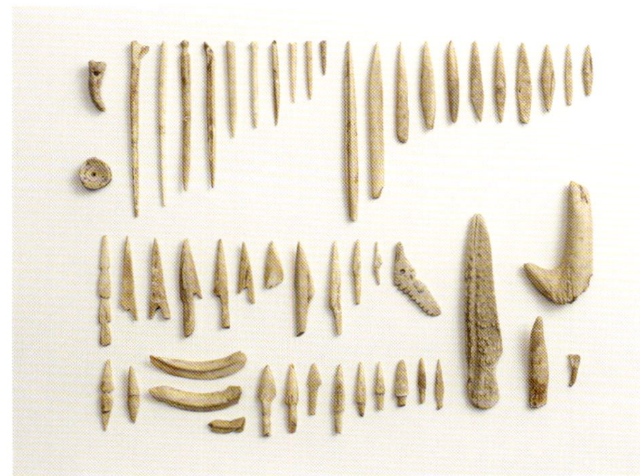

骨角器（動物の骨や角や牙でつくった道具）

縄文時代の人びとは動物の骨や鹿の角などを利用して、アクセサリーや、魚を突くためのやす状の道具、つり針など、いろいろなものをつくっていた

写真提供：ColBase（https://colbase.nich.go.jp/）

打製石斧と磨製石斧

石をわってつくった打製石斧（写真左上）は、柄をつけて、おもに地面を掘るときに使われたとされる。写真下は、木の柄をつけた形を再現した打製石斧。石をみがいてするどくした磨製石斧（写真右上）は、家などをたてるさい、木を切りたおしたり加工したりするときに使われた

写真提供：ColBase（https://colbase.nich.go.jp/）

そのほかの道具

石錐と針

木や毛皮などにあなをあけるときに使われた石の錐（写真左、長さ約6センチメートル）と、毛皮や布をぬうときに使われたと思われる鹿の角を加工してつくられた針（写真右、長さ約11センチメートル）。縄文時代の人びとは、毛皮のほかにも、カラムシ（麻のなかま）などで縄をつくったり、編んだ布でつくった服を着たりしていたことがわかっている

写真提供：ColBase（https://colbase.nich.go.jp/）

こんなにいろいろな道具を使っていたんだ！

※写真は切り抜き加工をして掲載しています

縄文時代の人びとのすがた

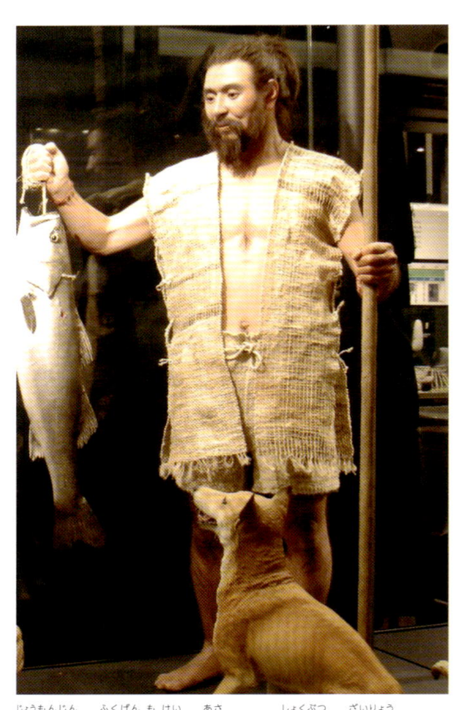

縄文人の復元模型。麻などの植物を材料にして編んだ布で服をつくっていた

写真提供：国立科学博物館

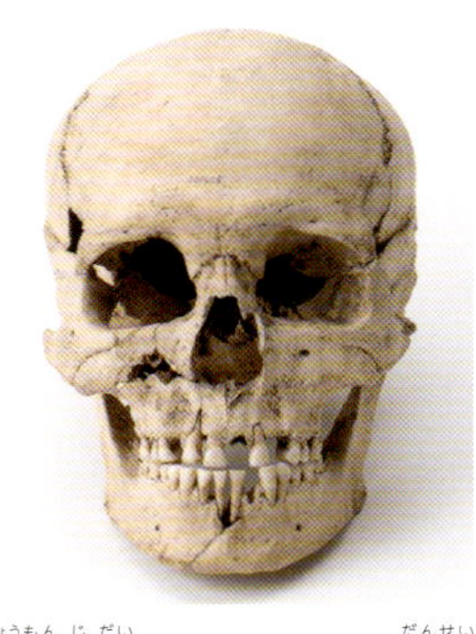

縄文時代のおわりごろの男性の頭骨。福島県三貫地貝塚出土

写真提供：東京大学総合研究博物館

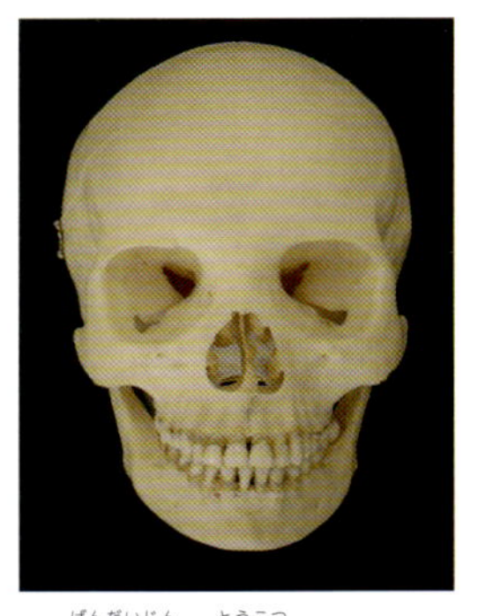

現代人の頭骨

写真提供：奈良貴史

縄文人の頭骨から再現した縄文人の顔の想像図（イラスト：石井礼子）。全体的に顔が四角く、目が大きく彫りが深い。縄文人の形質を強くのこしていると考えられる北海道の先住民族・アイヌの人たちににた顔だちになっている

画像提供：国立歴史民俗博物館

画像提供：石井礼子

あごのじょうぶな縄文人

縄文時代の人びとはどのようなすがたをしていたのだろうか？　旧石器時代の人骨の化石で保存状態のよいものは、いまのところ沖縄県の港川遺跡から見つかっている「港川人」だけだが、縄文時代の人骨の化石は、全国各地の貝塚遺跡から発見されている。どのような顔やすがたをしていたのかも、骨を研究することであきらかになっている。

縄文人はかたい木の実や肉を食べることが多かったため、現代人よりもあごの骨ががっしりとしている。目が大きく、鼻が高くて、彫りが深い。現代人にくらべると、ほお骨が出ていて、顔の横幅が広く、四角い感じの顔だちだったことがわかる。身長は、平均すると男性で158センチメートルほどで、現代人よりも背が低い。

歯ならびがよい縄文人

縄文人の特徴のひとつとして、歯ならびがよいことがあげられる。また、渡来系弥生人や現代人とはちがって上の歯と下の歯が先端であわさり、渡来系弥生人にくらべて歯が小さく、上の前歯の裏側がくぼんでいない。

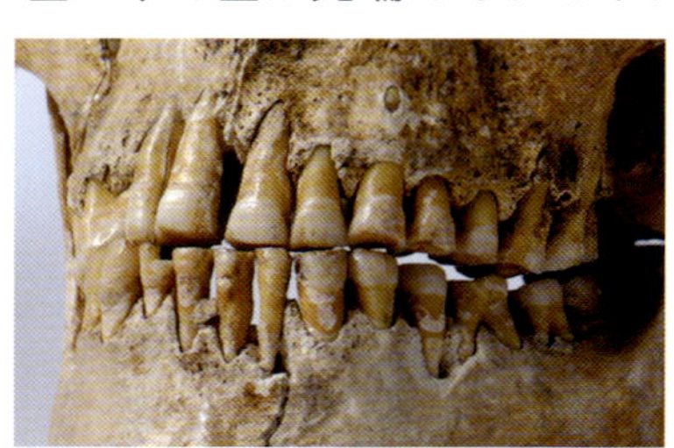

きれいにそろっている縄文人の歯

写真提供：東京大学総合研究博物館

おしゃれな縄文人

縄文人は麻などを編んだ布でつくった服を着ていた。また、耳かざりやヒスイの首かざり、ウルシをぬったくしやうで輪、鹿の角を加工してつくった腰かざりなど、いろいろなアクセサリーを身につけていた。これは、おしゃれのためでもあり、石や動物の角などに病気などの悪いものをはらう力があると信じられていたためでもあった。

ヒスイの首かざり。青森県上尾駮（1）遺跡出土

写真提供：青森県埋蔵文化財調査センター

青森県の是川石器時代遺跡から発見された、ウルシがぬられたうで輪やくしなどの木製品

写真提供：是川縄文館

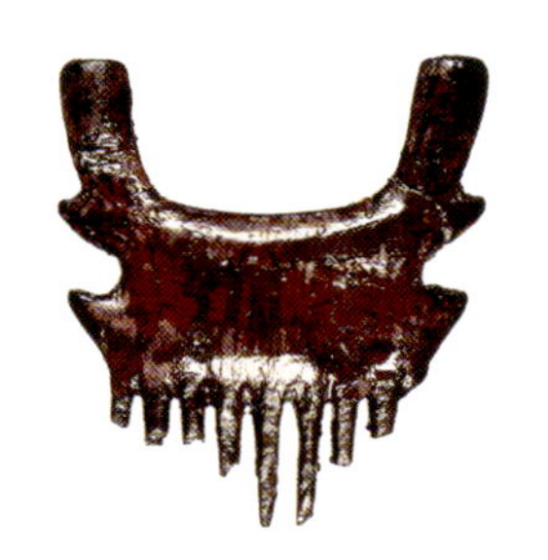

福井県の鳥浜貝塚から発見された、赤色うるしぬりくし

写真提供：福井県立若狭歴史博物館

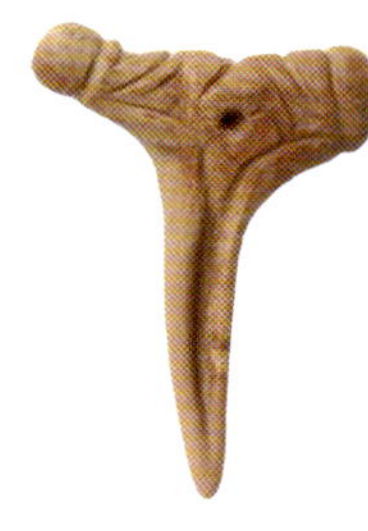

鹿の角を加工した腰かざり

写真提供：ColBase（https://colbase.nich.go.jp/）

イノシシの牙のたれかざり。ひもを通してペンダントのようにした

写真提供：ColBase（https://colbase.nich.go.jp/）

東北地方で出土した、縄文時代のおわりごろの耳かざり

写真提供：ColBase（https://colbase.nich.go.jp/）

歯をぬいたり、けずったりした縄文人

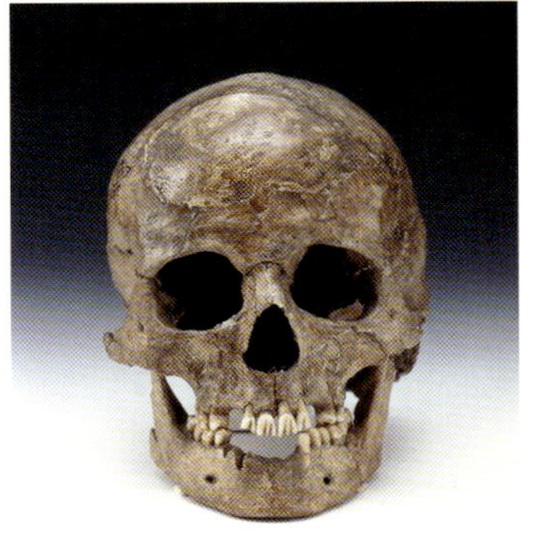

上あごの犬歯と下あごの前歯がぬかれ、上あごの前歯がけずられている縄文人の頭骨

写真提供：東京大学総合研究博物館

縄文人は、歯ならびはよかったが、歯がとてもすりへっていた。さらに、健康な歯でもぬいたり、地域によっては前歯をけずったりする習慣があった。歯がすりへっているのは、かたいものを食べていた以外に、毛皮をなめす（やわらかくする）ときに、歯でかんで、やわらかくしていたためではないかと考えられている。だが、なぜ健康な歯をぬいたり、けずったりしたのかは、はっきりした理由はわかっていない。ぬく痛みにたえることでおとなになったことをしめすためだったという説や、毛皮をなめすのにより適した歯をつくるため、奥歯がよりすりへって平らになるようにぬいたという説などがある。

※写真は切り抜き加工をして掲載しています

縄文土器のいろいろ

国宝になっている土器もあるぞ！

尖底土器

地面にさして使った縄文時代早期の土器。高さ32センチメートル

写真提供：ColBase (https://colbase.nich.go.jp/)

深鉢形土器

地面に埋めて使った縄文時代前期の土器。高さ37.3センチメートル

写真提供：ColBase (https://colbase.nich.go.jp/)

豆粒文土器

長崎県の泉福寺洞窟から発見された世界最古級の土器。高さ約24センチメートル

写真提供：佐世保市教育委員会

深鉢形土器

関東地方西部から中部地方にかけて出土する縄文土器。高さ60センチメートル

写真提供：ColBase (https://colbase.nich.go.jp/)

深鉢形土器

縄文時代中期になると、大型で立体的なかざりがついた土器がつくられるようになる。高さ59センチメートル

写真提供：ColBase (https://colbase.nich.go.jp/)

火焔型土器

上部のかざりが炎が燃えあがるような形に見えることからこの名前がついた。国宝。煮炊きに使われた土器。笹山遺跡（新潟県）出土。高さ46.5センチメートル

写真提供：十日町市博物館

水煙渦巻文深鉢

長野県の八ケ岳から山梨県あたりで見られる土器の形で、火焔型土器とともに縄文時代を代表する土器のひとつ。高さ43センチメートル。曽利遺跡（長野県）出土

写真提供：井戸尻考古館

台付浅鉢形土器

縄文時代のおわりごろの土器。亀ヶ岡遺跡（青森県）出土。高さ8.2センチメートル

写真提供：ColBase (https://colbase.nich.go.jp/)

壺形土器

縄文時代の後期に東北地方でつくられた壺形の土器。高さ28センチメートル

写真提供：ColBase (https://colbase.nich.go.jp/)

注口土器

縄文時代の後期に東北地方でつくられたつぎ口のついた土器。水かお酒を入れて、儀礼に使われたのではないかと考えられている。高さ29.6センチメートル

写真提供：ColBase (https://colbase.nich.go.jp/)

縄文土器にはもようがある？

縄文土器は、土器の表面に縄をころがしたようなもようがついていることからついた名前で、この土器が使われていた時代のことを「縄文時代」という。だが、この時代のすべての土器に縄のもようがあるわけではない。縄文時代の最初のころの土器には、もようがない土器も多い。国宝にもなっている火焔型土器は、おもに新潟県の信濃川流域でよくつくられた土器の形で、縄文時代中期のものだ。縄文土器はつくられた時期や地方によって形がちがい、縄文時代のおわりごろになると、つぎ口のついた土器など、さまざま形をした土器もつくられるようになった。

※写真は切り抜き加工をして掲載しています

土偶のいろいろ

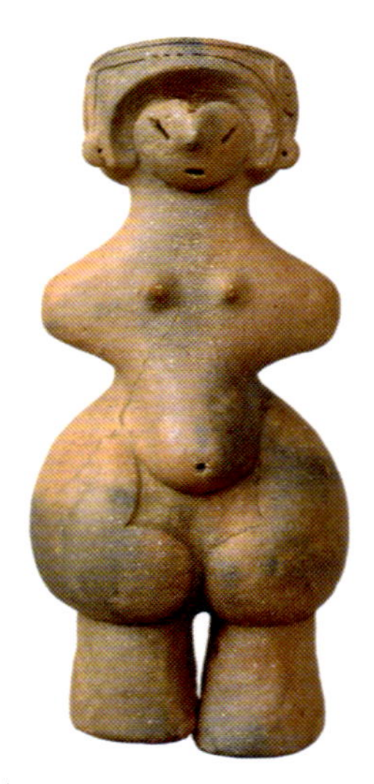

縄文のビーナス

長野県茅野市の棚畑遺跡から発見されたおなかに赤ちゃんがいる女性をあらわしている土偶。高さ27センチメートル。縄文時代の土偶のなかで最初に国宝に指定された

写真提供：茅野市尖石縄文考古館

仮面の女神

長野県茅野市の中ッ原遺跡から発見された土偶。国宝。仮面をかぶったように見えるところから「仮面の女神」とよばれている。高さ34センチメートル

写真提供：茅野市尖石縄文考古館

縄文の女神

山形県舟形町の西ノ前遺跡から発見された土偶。国宝。高さ45センチメートルで国内最大。すらりとしたすがたから「縄文の女神」とよばれている　写真提供：山形県立博物館

合掌土偶

いのるように手をあわせてすわっている土偶。国宝。体を丸めてすわっている土偶のなかで、手をあわせている完全な形でのこっているのはこの土偶のみ。われた部分をなおした跡があり、大切に使われていたと思われる。高さ19.8センチメートル　写真提供：是川縄文館

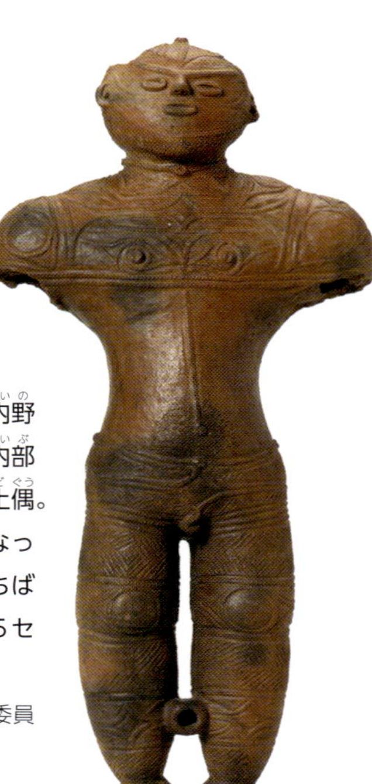

中空土偶

北海道函館市の著保内野遺跡から発見された内部が空洞になっている土偶。国宝。内部が空洞になっているものでは、いちばん大きい。高さ41.5センチメートル

写真提供：函館市教育委員会

みみずく土偶

顔が鳥のみみずくににているところからこの名前がついた。耳に丸い耳かざりをつけ、頭にくしをさした女性のすがたをあらわしていると考えられている。高さ20.5センチメートル

写真提供：ColBase (https://colbase.nich.go.jp/)

遮光器土偶

雪の反射から目を守るゴーグル（遮光器）をつけているような顔に見えるため、この名前がついた。青森県の亀ヶ岡石器時代遺跡で発見された、日本でいちばん知られている土偶のひとつ。頭の形や体のもようは、当時の女性の髪かざりをつけたすがたや服装をあらわしていると考えられている。高さ34.2センチメートル

写真提供：ColBase（https://colbase.nich.go.jp/）

イノシシ形土製品

イノシシ形の土製品は、狩猟の儀礼などに使われたのではないかと考えられている。高さ9.7センチメートル

写真提供：弘前市立博物館

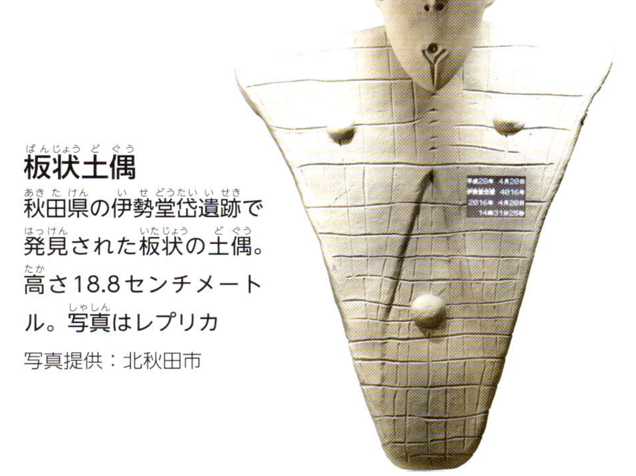

板状土偶

秋田県の伊勢堂岱遺跡で発見された板状の土偶。高さ18.8センチメートル。写真はレプリカ

写真提供：北秋田市

犬形土製品

イヌの土製品からは、イヌが縄文時代から大切にあつかわれていたことがわかる。高さ7.7センチメートル

写真提供：栃木市教育委員会

人の形をしたもののほかにイヌやイノシシもあるね

縄文人のいのりの道具

縄文時代の遺跡から発見される人の形をした焼きものが土偶だ。女性をあらわしているものがほとんどなので、子どもが無事に生まれてくることを願ってつくられたのではないかという説が有力だが、目的ははっきりしていない。ばらばらにこわして埋められているところから、体の悪いところが早くなおるように悪い部分をこわして身代わりとして埋めたとも、作物の豊作を願って村のあちこちにばらまかれたとも考えられている。縄文時代の中期になると男性性器の形をした石棒もつくられるようになるため、土偶や石棒は、子孫繁栄を願ういのりの儀式の道具として使われていたのではないかという説もある。

宮城県の谷地遺跡から発見された土偶の破片

写真提供：蔵王町教育委員会

※写真は切り抜き加工をして掲載しています

研究者にきいてみた！

三内丸山遺跡を調べてわかったこと

岡田康博先生
三内丸山遺跡センター所長

青森県の三内丸山遺跡は日本最大規模の縄文時代の遺跡だ。出土品もたくさん見つかっている。発掘調査をつづけている岡田康博先生に、当時の人たちがどんなくらしをしていたのかをきいてみたよ

豊かな自然にめぐまれた大規模集落

三内丸山遺跡は、縄文時代前期から中期（約5900年前～4200年前）にかけて約1700年間にわたって人が定住していた集落の跡です。面積42万平方メートルの広大な場所に、住居のほか大きな建物や墓、食料をたくわえる貯蔵穴、ごみすて場などさまざまな施設があります。縄文時代の遺跡は日本に約9万5000か所ありますが、このように「ムラ」全体のすがたがわかる大規模なものはほかにありません。人びとが住んでいた竪穴住居は800棟以上あり、六畳一間ほどのせまいところに家族単位でくらしていたようです。ムラの中央には長さ32メートル、幅10メートルの大きな竪穴建物がありました。300人くらい入ることができる広さがあり、共同作業や集会をする施設だったのかもしれません。

写真手前は復元された三内丸山遺跡の大型掘立柱建物（六本柱建物）。中央にあるのは長さ32メートルの大きな竪穴建物

三内丸山遺跡センター蔵／田中義道撮影

遺跡のなかで、とりわけ目をひくのが大型掘立柱建物です。通称「六本柱」といいます。長さ15メートル～20メートル、直径約1メートルもあるクリの巨大な柱が4.2メートル間隔で6本たてられていました。とても大きいので、見張り台や天文台として使われた建物だとか、まつりやいのりのための建物だとか、いろいろな説がありますが、くわしくはわかっていません。

大型掘立柱建物や住居などに使われているクリの木は、近くの森に自然にはえているものではなく、三内丸山に住んでいた縄文人が集落のまわりに植えて管理していたものです。毎年秋にはクリの実がとれますし、クリの木はじょうぶなので家をたてるのにも利用できます。海が近かったため、いろいろな魚や貝もとれました。遺跡からは約50種類の魚の骨が見つかっていて、季節ごとにちがう魚をとっていたことがわかっています。このようにして食料を確保し、人びとは約1700年間も三内丸山に定住しつづけることができたのです。

首のところからおられて、べつべつに発見された大型板状土偶。首の部分はつないである　三内丸山遺跡センター蔵／田中義道撮影

土器や土偶も大量に出土

遺跡のなかで小高い丘のようになっているところは、ごみすて場の跡で、土器や石器、土偶やヒスイなど多くの遺物が見つかりました。土器は縦長のバケツのような形をしています。当時の北海道南部から東北北部の範囲に分布する円筒土器で、食べものを煮炊きするなべとして使われていました。復元できただけでも5800個あり、このように大量に土器が出てくる遺跡はほかにありません。

土偶も日本でもっとも多い2000点が出土し、形や大きさもさまざまです。高さ32センチメートルのいちばん大きい板状土偶（写真上）は、首のところでふたつにおられ、胴体は住居跡、頭は90メートルはなれたごみすて場からべつべつに見つかりました。うるしぬりの皿、種や樹液も発見されているので、おそらくウルシの林があったのでしょう。土や石を使ったペンダント、ネックレス、ピアス、くしなどの装身具もたくさん出てきています。植物からとった細い繊維を編んだ布の断片も奇跡的にのこっていました。樹の皮を使った携帯用の「縄文ポシェット」（32ページ参照）のなかにはクルミが入っていました。

日本各地とのさかんな交流

このように三内丸山遺跡には、多種多様な遺物が大量に今日までのこされています。その原材料がやってきた道をたどると、この地に住んでいた人びとが、遠くはなれた地域の人びとと交流していたことがわかりました。

ヒスイは新潟県の糸魚川でとれたものです。新潟から舟で対馬暖流に乗り、津軽海峡をぬけるときに方向を変えると、陸奥湾から三内丸山に入ってこられます。遺跡からはヒスイの原石や加工のとちゅうのもの、完成した装飾品がそれぞれ見つかっていますから、三内丸山で加工して周辺の集落に供給していたようです。石器や矢じりの材料となる黒曜石は、青森ばかりでなく北海道や長野、新潟など各地でとれたものが発見されています。熱するとやわらかくなり冷えるとかたまるアスファルトは、接着剤として土器の修理などに利用されました。アスファルトも、青森のほか、北海道の道南地域をはじめ新潟や秋田から運ばれてきています。

三内丸山遺跡は1992年から調査がはじまり、発掘されたのはまだ全体の40％くらいです。今回お話ししたのは縄文時代中期の遺跡についてで、この遺跡の下には前期の遺跡も埋まっています。

三内丸山遺跡をおとずれてみると、縄文人たちがどのようにあつまって生活していたのかが実感できると思います。当時は武器や戦争のない、平和な時代でした。縄文人たちは協力して自然をうまく利用するとともに、その自然環境をとても大切にしてくらしていたのです。

新潟県産のヒスイを加工した大珠。大きさ5.3センチメートル
三内丸山遺跡センター蔵／田中義道撮影

おもな縄文時代の遺跡

日本にあるたくさんの縄文時代の遺跡のなかで、とくべつな遺物が発見された遺跡や縄文時代のことを学べる施設のある遺跡を紹介する。

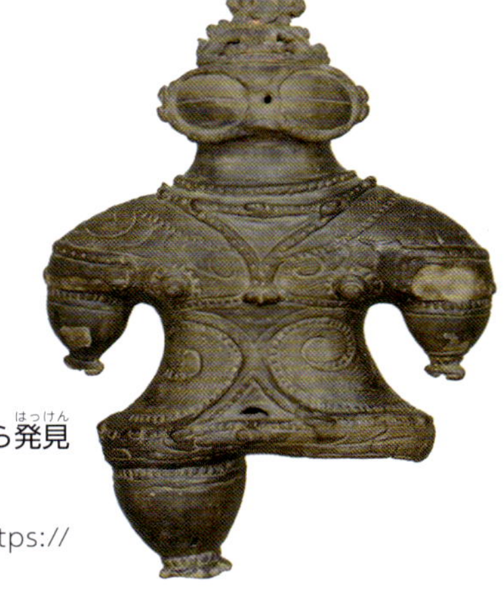

亀ヶ岡石器時代遺跡から発見された遮光器土偶

写真提供：ColBase（https://colbase.nich.go.jp/）

北海道と東北地方北部の縄文時代の遺跡は世界文化遺産にもなってるんだって！

亀ヶ岡石器時代遺跡（青森県）史跡

縄文時代おわりごろの大きな共同墓地跡。目の部分に特徴がある「遮光器土偶」が見つかったことで有名だ。うるしぬりの土器や漆器もたくさん出土した。表面に複雑で細かいもようがデザインされた「亀ヶ岡式土器」は、東日本で出土する縄文土器の型式のひとつとなっている

三内丸山遺跡（青森県）特別史跡*1

縄文前期から中期の広大な遺跡。集会所か共同住宅とされる長さ32メートルの大型竪穴建物、高さ20メートルにもおよぶと推定される6本柱の建築物など数多くの建物の跡が見つかった。500人以上の規模で定住し、クリやマメなどの栽培もしていた。土器や石器、骨角器、木製品なども大量に発見されている

空から撮影した三内丸山遺跡

三内丸山遺跡センター蔵

小竹貝塚出土の人骨の復顔

写真提供：富山県埋蔵文化財センター

大湯環状列石（秋田県）特別史跡

組石が円形にならべられたふたつの環状列石が見つかった縄文時代後期の遺跡。それぞれ最大径が約44メートルと約52メートルの大きさで、どちらも共同墓地と考えられている。円の内側に日時計のような石の柱が1本たてられた組石がある。環状列石のまわりでは大量の石器や土器が発見されている

大湯環状列石

写真提供：大湯ストーンサークル館

小竹貝塚（富山県）

貝の層の厚さが、2メートル以上もある日本最大級の貝塚。縄文時代前期としては国内最多の91体の人骨が発見されている。頭部の骨がほぼうしなわれることなくのこっていたので縄文人の顔を復元できた。イヌを飼ってえさをあたえたり、丸木舟で漁に出てイルカをつかまえたりした跡が見つかっている

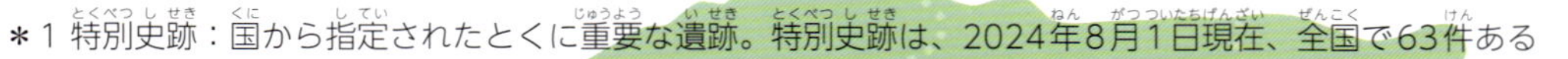

＊1 特別史跡：国から指定されたとくに重要な遺跡。特別史跡は、2024年8月1日現在、全国で63件ある

船泊遺跡（北海道・礼文島）

縄文時代中期から後期の竪穴住居の跡や多くの土器、石器、貝がらを使った首かざりなどの装飾品が発見された遺跡。発見された人骨は保存状態がよく、そのDNAデータは縄文人の祖先がどのように日本列島にやってきたのかをさぐるための貴重な手がかりとなっている

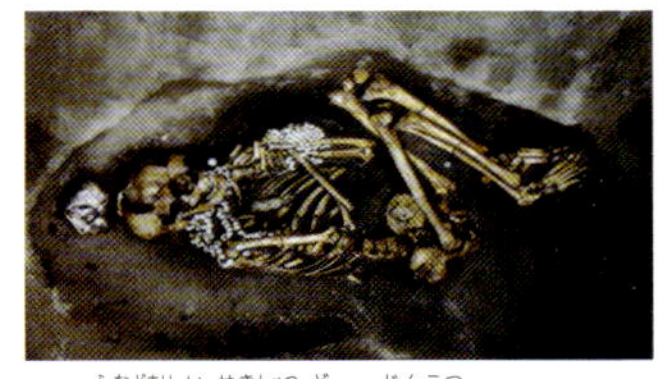

船泊遺跡出土の人骨

写真提供：礼文町教育委員会

垣ノ島遺跡（北海道）史跡

縄文時代の早い時期から後期まで6000年にわたり人びとが定住した集落の遺跡。「コ」の字型に土をもりあげた長さ190メートルの遺構は、いのりをささげる場所と考えられている。墓には子どもの足形がついた粘土板（足形付土版）もあり、独自の文化が生まれていたと考えられている

垣ノ島遺跡から発見された幼児の足形がついた粘土板

写真提供：JOMON ARCHIVES＊2

（所蔵：函館市教育委員会）

是川石器時代遺跡から発見されたウルシがぬられたくしなどの木製品

写真提供：是川縄文館

是川石器時代遺跡（青森県）史跡

赤いウルシをぬったかごやくし、鉢、うで輪などの木製品が数多く発見された遺跡。赤くぬられた太刀は儀式やいのりに使われたらしい。土偶全体も赤くいろどられている。魚をとるためのつり針ややすも出土。トチの実を食べるためにあくぬきをした跡も見つかっている

御所野遺跡（岩手県）史跡

縄文時代の中期後半に約800年間人びとが定住していた集落。盛土遺構からは、多くの土器や石器などが見つかっている。縄文時代の竪穴住居の遺跡ではかやぶきなど植物を使った屋根がよくあるが、ここの住居は屋根に土がかぶせられていたことがわかった

御所野遺跡の復元された土屋根住居

写真提供：一戸町教育委員会

＊2 JOMON ARCHIVES（https://jomon-japan.jp/archives#/asset/196）をもとに本作り空Sola作成

※写真は切り抜き加工をして掲載しています

竪穴住居って、けっこう快適なんだよ

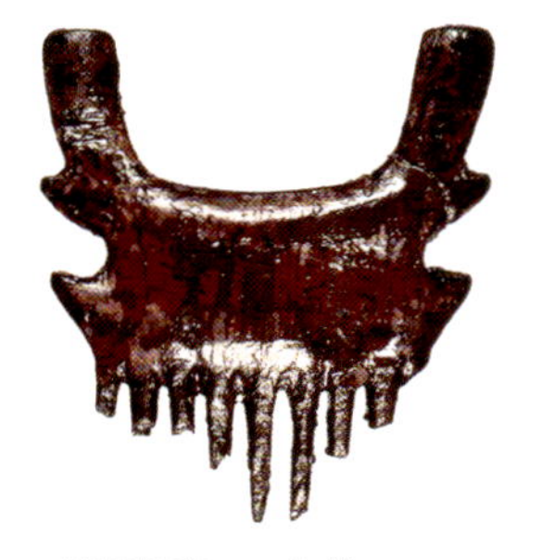

鳥浜貝塚から発見された赤色うるしぬりくし
写真提供：福井県立若狭歴史博物館

鳥浜貝塚（福井県）

縄文時代前期の貝塚で「縄文のタイムカプセル」ともいわれている。木製の弓やくし、植物を原材料にした縄や布、漁に使う石錘（石のおもり）などが多く出てきた。栽培していたらしいヒョウタンやエゴマ、ウリ科やアブラナ科などいろいろな植物の種もくさることなくのこっていた

上野原遺跡　写真提供：上野原縄文の森

上野原遺跡（鹿児島県）史跡

約１万年前の日本最古級のムラの遺跡。南九州で早い時期に縄文文化が花開いていたことがわかった。竪穴住居の跡からは木の実などをすりつぶすための石皿と磨石、磨製石斧、土器をはじめ縄文時代に使われた道具がほぼすべて見つかった

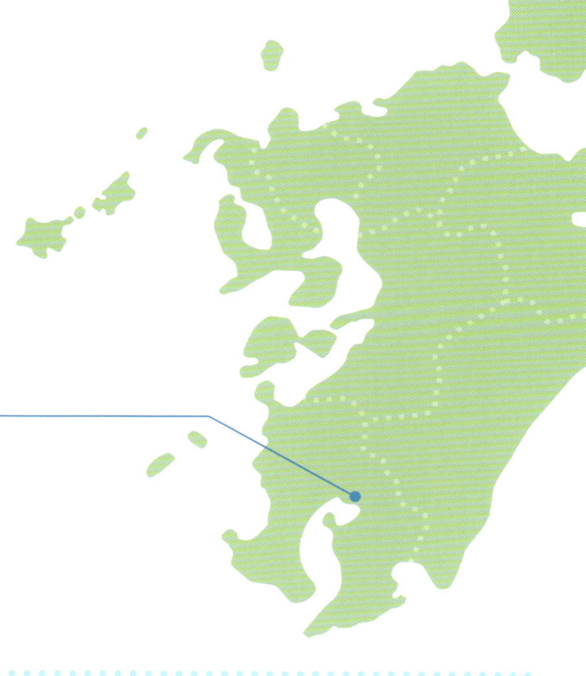

伊礼原遺跡　写真提供：北谷町教育委員会

伊礼原遺跡（沖縄県）史跡

縄文時代からグスク時代（12世紀～16世紀ころ、本土の平安時代末から室町時代後期）までの7000年間の生活のようすがわかる複合遺跡。動物や魚の骨、貝、種子、樹木、土器、石器など多様な遺物が出土している

笹山遺跡（新潟県）

縄文時代の代表的な土器である火焔型土器や王冠型土器などの深鉢形土器が57点見つかった遺跡。これらの深鉢形土器は国宝に指定された。100か所以上ある炉の跡や配石遺構、土坑、埋められた土器（かめ）も出土した。土器の表面にアズキ、ダイズ、エゴマの種の跡があり、栽培されていた証拠と考えられている

笹山遺跡から発見された火焔型土器（国宝）

写真提供：十日町市博物館

井戸尻遺跡群（曽利遺跡）から発見された水煙渦巻文深鉢

写真提供：井戸尻考古館

加曽利貝塚（千葉県）

特別史跡

縄文時代中期からおわりごろにかけての遺跡。円形で直径約140メートルと馬蹄形で長さ約190メートルのふたつの貝塚が南北に8の字状につながり、東京湾岸周辺でもっとも大きい貝塚となっている

井戸尻遺跡群（長野県）

縄文時代中期のムラが数多くあつまっている。そのなかのひとつ、曽利遺跡からは、独特の曲線模様が目をひく水煙渦巻文深鉢が見つかった

長者ケ原遺跡から発見された５センチメートルをこえるヒスイ大珠

写真提供：長者ケ原考古館

長者ケ原遺跡（新潟県）史跡

北陸で最大級の縄文時代中期の集落跡で、姫川流域でとれるヒスイを使った加工品を生産。長さ５センチメートルをこえる大きなヒスイ玉や石斧をつくってほかの地域にも送りだしていた

下野谷遺跡（東京都）史跡

縄文時代中期の「環状集落」が複数あり、南関東最大級の縄文遺跡。竪穴住居や倉庫と思われる掘立柱建物（平地に柱をたてた建物）が、土坑墓群（地面を掘ってつくったあなに死者を埋めたお墓）のある広場のまわりをとりまいている

根古谷台遺跡　写真提供：宇都宮市

根古谷台遺跡（栃木県）史跡

縄文時代前期の遺跡。27軒の竪穴建物や16棟の長方形大型建物などが中心部の土坑墓をかこむ。長さ23メートルの建物は三内丸山遺跡につぐ大きさ。美しい形の管玉、丸玉や耳かざりも発見された

下野谷遺跡　写真提供：西東京市教育委員会

尖石石器時代遺跡（長野県）特別史跡

1952年に国の特別史跡に指定され、縄文時代の集落研究のきっかけとなった遺跡。近くの棚畑遺跡では「縄文のビーナス」といわれる土偶が発見されている

大森貝塚（東京都）史跡

1877年にアメリカの生物学者モース博士による発掘調査がおこなわれ、日本考古学発祥の地とされる遺跡。貝がらの山や加工された動物の骨、土器や石器が発見された

※写真は切り抜き加工をして掲載しています

弥生時代の人びとのくらし

静岡県の登呂遺跡。弥生時代の稲作のようすがわかる水田の跡や農耕具などが多く発見されている　写真提供：静岡市立登呂博物館

稲作と金属器の伝来

縄文時代のおわりごろ、いまから約3000年前には九州地方に稲作が伝わり、それまで狩りやドングリなどの木の実をとってくらしていた人びとが、少しずつイネを栽培しはじめた。稲作の技術がどこから伝わったのかについては、中国の江淮地帯（長江と淮河のあいだ）から朝鮮半島南部を通って伝えられたという説や、中国の江南地方から直接伝わってきたという説などがある。このほか、大陸との交流によって縄文時代中期（約5000年前～4000年前）にはすでに稲作が伝わっていたのではないかという新しい発見も出てきている。弥生時代[*1]は稲作がはじまってからとされているが、そのはじまりははっきりしていない。

吉野ヶ里遺跡（佐賀県）から発見された鉄製の農具など　写真提供：佐賀県

狩猟・採集生活をしていた人びとのくらしが大きく変わったのは、渡来系弥生人といわれる稲作や金属器の文化をもった人びとが日本にわたってきて、日本に稲作が広まってからだ。稲作は弥生時代前期には西日本各地、弥生時代中期には青森県まで広がり、鉄器を使った農耕具によって農作業もしやすくなった。

熊本県の大矢遺跡から発見された縄文時代中期の土器の表面に、イネモミの跡がのこっていたんだって。稲作のはじまりがもっとさかのぼる可能性もでてきているよ

＊1 弥生時代：北海道と沖縄県には稲作の文化が伝わらなかったため、北海道では弥生時代ではなく続縄文時代、沖縄県では弥生～平安時代を弥生～平安並行時代という

登呂遺跡から発見された木製の農耕具や生活用具など

写真提供：静岡市立登呂博物館

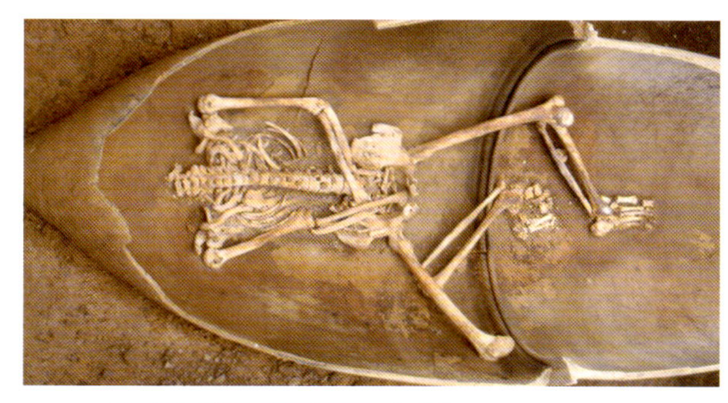

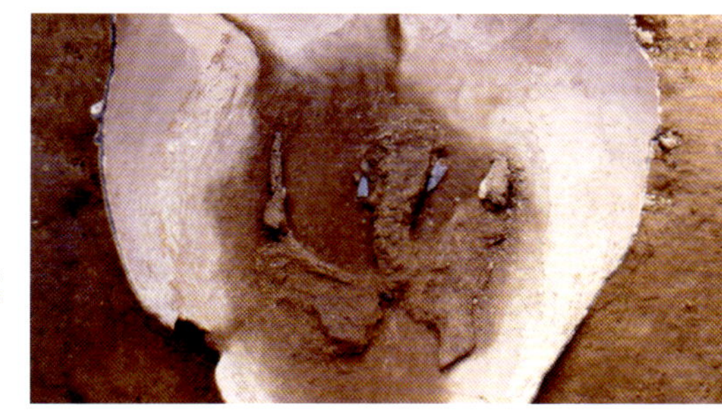

吉野ヶ里遺跡から見つかった首のない人骨（写真上）と腹部に矢をうちこまれた人骨（写真下）

写真提供：佐賀県

米をめぐってムラとムラのあらそいが生まれた

稲作は多くの水を必要とする。弥生時代のはじめごろは、湿地帯の水田に種もみを直接まいてイネを栽培していたと考えられていたが、現在のように苗を育ててから田植えをおこなう方法が早くからとられていたという説もある。弥生時代中期になると、稲作に必要な水を川や池からひく水路の整備がすすみ、木製の農耕具に代わって大陸から伝わった鉄を使った鉄製農耕具が使われるようになった。農作業がしやすくなり、米の収穫量がふえていった。

静岡県の登呂遺跡は弥生時代の稲作のようすがよくわかる遺跡で、木製の農耕具や水田の跡が多く見つかっている。縄文時代の日本列島の人口は最大でも約26万人だったが、稲作によって安定して食料が得られるようになったことで、温暖な気候で稲作に適した西日本で人口がふえ、約60万人ほどになった。

吉野ヶ里遺跡の環濠集落。まわりを堀や柵でかこっている　写真提供：国営吉野ヶ里歴史公園

稲作が広まると、米の多くとれる集団（ムラ）ととれない集団（ムラ）とで、田んぼや収穫した米をめぐってあらそいが生まれた。戦争のはじまりだ。外からくる敵や害獣や水害などから守るため、人びとはムラのまわりに堀や柵をめぐらすようになった。その代表的な遺跡が佐賀県の吉野ヶ里遺跡だ。堀や柵でまわりをかこったムラを環濠集落[*2]という。吉野ヶ里遺跡をはじめ弥生時代の遺跡からは、縄文時代の遺跡からは出土しなかった、戦いできずついて死んだことがわかる人骨が数多く見つかっている。

＊2 環濠集落：堀に水がはられていない場合は「環壕集落」と書くこともある

弥生時代の人びとの道具

海岸ぞいや川ぞいなどの土地にある遺跡では、水分を多くふくんだ土におおわれて、ふつうはのこらない木製品などの遺物がのこっていることがある。日本海に面した鳥取県の青谷上寺地遺跡からは、弥生時代のたくさんの道具が発見されている。

農具や生活用具

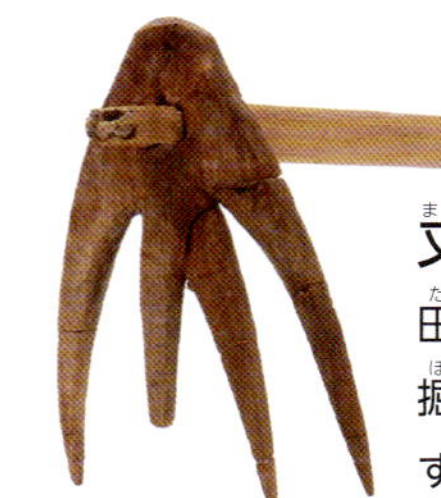

又ぐわ
田畑をつくるときに土を掘りおこしたり、たがやすために使われた

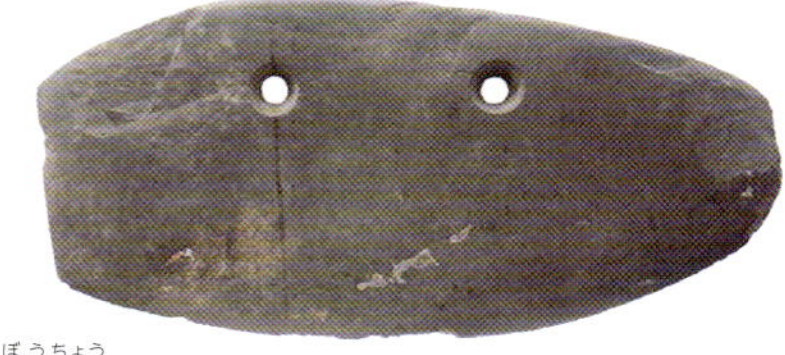

石包丁
手でにぎって稲穂を刈りとるために使われた。稲穂をつむときに手から石包丁が落ちないように、あなにひもを通して指にかけて使った

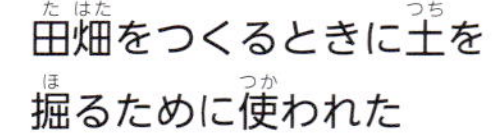

平すき
田畑をつくるときに土を掘るために使われた

横づち
ワラを打ってやわらかくして、細工をしやすいようにしたり、マメをさやからはずすための豆打ちとして使ったりした

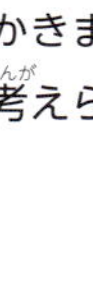

田げた
水田や湿地で作業をするときにしずまないように足のうらにつけた。水田の土をかきまぜるのにも使われたと考えられている

田舟
水田のなかで収穫した稲穂などを運ぶために使われたと考えられている

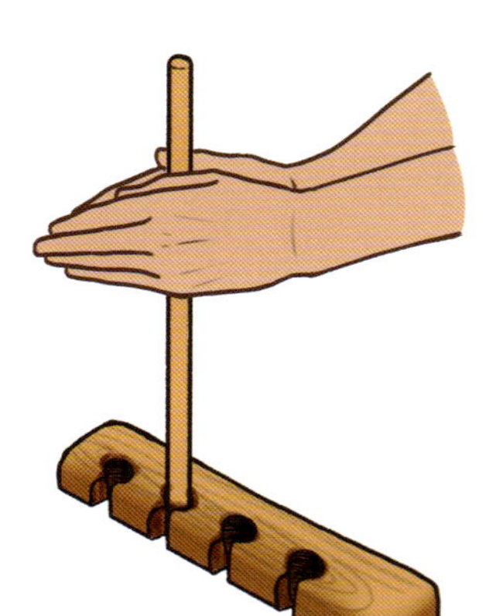

火おこし道具
木と木とこすりあわせ、まさつを起こして火をおこすために使った。まさつ熱で黒くこげているのがわかる。木と木をこすりあわせて火をおこす方法は、縄文時代のおわりごろからおこなわれていた

鉄製のおの
木材を加工するときに使われた鉄製のおの。弥生時代には朝鮮半島から鉄を物々交換のような形で輸入し、道具に加工していた。金属器は海外との交流をしめす遺物でもある

写真提供（p48）：鳥取県（青谷上寺地遺跡）

まつりやいのりのための道具

銅鐸（扁平鈕式銅鐸）
銅鐸は青銅製の鐘で、つくられた当時は黄金色をしていたと考えられる。国宝。高さ42.7センチメートル。まつりなどのときにいのりのための道具として使われたと考えられている。狩りをする人や杵で臼をつく人のすがたなどがえがかれている
写真提供：ColBase (https://colbase.nich.go.jp/)

平形銅剣
青銅製の剣はもともとは武器として伝わってきたものが、だんだんと武器ではなく儀式のときに使われる道具になった。この剣は形が大きく、刃はついておらず、長さ46センチメートルある
写真提供：ColBase (https://colbase.nich.go.jp/)

銅鏡（連弧文異体字銘帯鏡）
弥生時代、鏡は、顔などを映すための実用品としてだけではなく、まつりや儀式のときの道具、墓に埋める副葬品としても大切にあつかわれた。直径7.3センチメートル
写真提供：ColBase (https://colbase.nich.go.jp/)

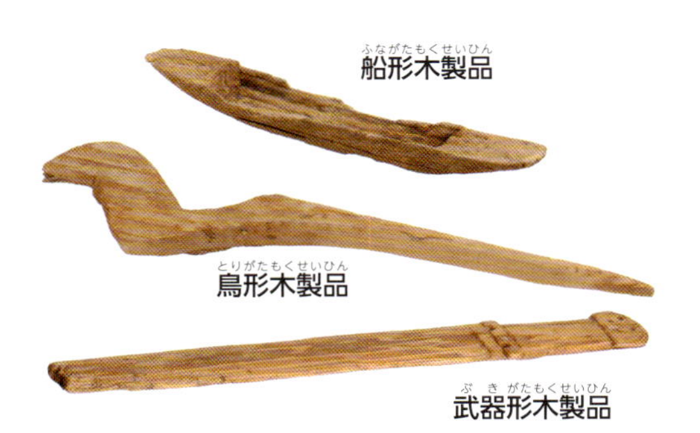

形代
弥生時代には武器や鳥、船などの形をまねた木製品をつくり、豊作をいのるまつりの道具（形代）として使った。なかでも鳥は、穀物にやどる霊を運び、豊作をもたらしてくれると信じられ、大切にされていた
写真提供：鳥取県（青谷上寺地遺跡）

権力者の力をあらわす金属器

稲作が広まると、農作業のためにいろいろな道具が使われるようになった。稲作とともに伝わってきた金属器のうち、鉄は武器や木工用の道具をはじめ、農具に使われるようになり、青銅は武器よりも銅鐸や鏡などまつりやいのりの儀式の道具に使われるようになっていった。とくに鉄製の道具は、それまでの石斧や木製のくわなどにくらべてじょうぶで、農作業もはかどったので、だんだん全国に広まっていった。しかし、材料となる鉄の板を手に入れるのはとてもむずかしく、朝鮮半島からわたってきた渡来系の人びとの集団がもちこんだものがほとんどだった。そのため、弥生時代の鉄器は渡来系の人びとが多くくらしていた九州北部や出雲地方の遺跡から集中して発見されている。

金属を加工するにはとくべつな技術が必要で、加工技術をもった人びとを使い、金属器をつくらせることができたのは、多くの富と権力をもつ者だけだった。金属器はやがて権力者の力をあらわすシンボルとなっていった。

※写真は切り抜き加工をして掲載しています

弥生時代の人びとの食べもの

竪穴住居の内部の復元写真　写真提供：大阪府立弥生文化博物館

ブタも飼っていた

弥生時代の人びとは縄文時代の人びとと同じように竪穴住居に住んでいた。竪穴住居は、地面を50センチメートル～1メートルくらい掘って床をつくり、柱をたてて、上を屋根でおおった建物だ。地面を掘ることで外の暑さや寒さの影響をあまり受けない空間がつくられ、地面の上に柱をたてるよりも、少ない材料でかんたんにつくることができたのではないかと考えられている。

稲作が広まることで人びとは米も食べるようになったが、アワやヒエ、ムギなどの穀物、ドングリやクリなどの木の実、狩りをしてとったシカやイノシシ、海や川でつかまえた魚など、季節に応じていろいろなものを食べていたことがわかっている。イヌを飼っていたほか、遺跡からブタの頭の骨が発掘され、食べるためにブタを飼っていたこともわかった。

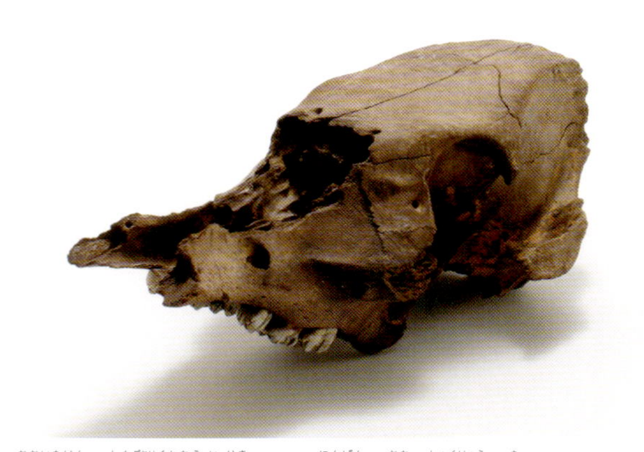

大分県の下郡桑苗遺跡から、人間と同じ食料を食べることで歯が弱ったブタの頭の骨が見つかっている。これはブタが人間に飼われていた証拠で、野生のイノシシが長く飼われているあいだにブタになったと考えられている

写真提供：大分県立埋蔵文化財センター

鳥取県の青谷上寺地遺跡から発見された木製のスプーン。弥生時代の人びとは木を加工してものをつくるのが得意だった。使いみちに応じて木材の種類を変えていたこともわかっている
写真提供：鳥取県（青谷上寺地遺跡）

イイダコとハマグリのスープが入ったかめと高坏にもられた赤米のごはん
写真提供：三重県埋蔵文化財センター

煮炊きに使われた台付甕形土器。火にくべたのですすがついている。高さ21センチメートル
写真提供：長野市

食べものの煮炊きには台付甕形土器が使われ、もりつけには高坏やかめなどが使われた。貯蔵にはつぼが使われて、赤くぬられたものもあった。右の写真は貯蔵用のつぼ。高さ28.3センチメートル
写真提供：ColBase（https://colbase.nich.go.jp/）

弥生時代のごはんは赤かった

　弥生時代の人びとは、米や食べものを、湿気から守るために床を高くした「高床倉庫」で保存した。食べたごはんは、現代人がふだん食べているような白いごはんではなかった。縄文時代のおわりごろに伝わってきたイネは「赤米」とよばれる古い種類で、炊くとお赤飯のように赤くなった。白米を食べるようになるのは奈良時代になってからだが、一般の人は食べず、食べたのは貴族だけだった。

　料理の味つけには塩を使っていた。人びとは、東日本では縄文時代のころから、西日本では弥生時代のころから、海水を土器でにて、水分を蒸発させて塩をつくっていたことがわかっている。塩をつくるために使われた専用の土器「製塩土器」が各地の遺跡から見つかっている。

復元された登呂遺跡（静岡県）の高床倉庫
写真提供：静岡市立登呂博物館

登呂遺跡の高床倉庫だよ。柱には、ネズミがのぼってこられないようにネズミ返しがついているよ

高床倉庫のネズミ返し
写真提供：静岡市立登呂博物館

※写真は切り抜き加工をして掲載しています

弥生時代の人びとのすがた

渡来系弥生人の顔だちの女性　写真提供：四日市市立博物館

渡来系弥生人の男性の頭骨（山口県土井ヶ浜遺跡出土）
写真提供：土井ヶ浜遺跡・人類学ミュージアム

ふたつのタイプ

弥生時代に日本列島でくらしていた人びとは、どのような顔やすがたをしていたのだろうか。おもに、稲作や金属器を伝えた渡来系弥生人とよばれる人びとと、渡来系以外の人びとのふたつのタイプにわけることができる。渡来系弥生人の特徴は、縄文人にくらべて顔が細長く、鼻のつけ根が平たく、全体的に平たい顔をしていて身長が高いことがあげられる*。渡来系以外の人びとは、縄文人とよくにた特徴をもつ人が多いことがわかっている。ただし、弥生時代の人骨は、九州北部や山口県西部から発見される渡来系弥生人のものがほとんどで、ほかの地方からは渡来系弥生人の骨も渡来系以外の人びとの骨もあまり発見されていない。日本列島全体で考えたとき、弥生時代にはどのようなすがたをした人びとがくらしていたのか、渡来系弥生人とそれ以外の人びとがどのように交わり、現代の日本人へとつながっていくのかは、まだわかっていないことが多い。

弥生時代の身分の高い人がとくべつなときに着ていたと考えられる衣装を復元したもの
写真提供：佐賀県

中国の歴史書『魏志倭人伝』の文章から考えられる弥生時代の一般の人びとの衣服。織った布からつくられている
写真提供：佐賀県

＊渡来系弥生人の身長：渡来系弥生人の平均身長は男性163センチメートル、女性151センチメートル。縄文人の平均身長は男性158センチメートル、女性149センチメートル

DNAからわかったすがた

鳥取県鳥取市の青谷上寺地遺跡からは、弥生時代後期（約1800年前）の100体をこえる人骨が発見されている。山陰地方で弥生時代の人骨がまとまって見つかった例としてめずらしく、このうち10体にはあらそいで殺されたとわかる傷があった。さらに2000年に発見された3体には大脳ものこっていたため、研究者からとても注目された。大脳がのこっていた3体のうち1体のDNAをくわしく調べた結果、男性であること、母親は渡来系弥生人で、父親は渡来系以外の人であることがわかった。黒く太い髪の毛をしていたこともわかり、2021年にはこの結果をもとに、見つかった頭骨がどのような顔をしていたのかを復元した像が公開された。

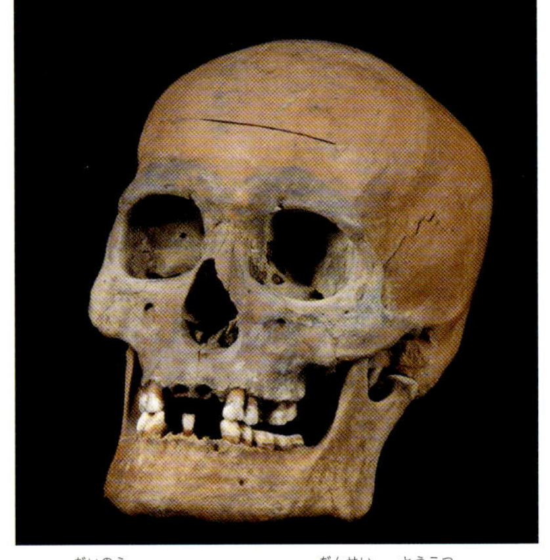
大脳がのこっていた男性の頭骨

写真提供：鳥取県（青谷上寺地遺跡）

また、ほかの人骨についてもDNAが調べられ、調べることのできた32体の人骨のうち31体が渡来系弥生人であること、32体のうち29体は血のつながりがないことがわかった。古代のムラは家族同士でくらすことが多い。だが、血のつながりのない人が多いというDNAを調べた結果と、青谷上寺地遺跡から見つかっているほかの地域との交流をしめす遺物から、青谷上寺地遺跡は、いろいろな地域からやってきた人が住む交易都市のようなところで、そこに住んでいた人びとが、なにかのあらそいにまきこまれて殺され、埋められたのだろうということがわかった。

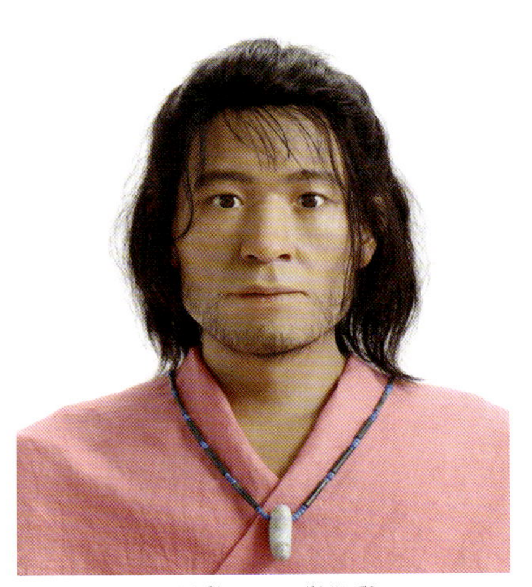
頭骨から復元された男性像

写真提供：鳥取県（青谷上寺地遺跡）

弥生時代には顔に入れ墨をしている人がいた？

亀塚遺跡（愛知県安城市）から見つかった、入れ墨をした顔が彫られた土器「人面文壺形土器」

写真提供：安城市教育委員会

津寺遺跡（岡山県岡山市）から見つかった、入れ墨をした顔の土偶

写真提供：岡山市教育委員会

弥生時代には、入れ墨をする習慣のある人たちがいたと考えられている。弥生時代のおわりごろ、いくつかのムラがあつまった小さなクニがたくさんできた。クニのひとつ、邪馬台国をおさめていた女王・卑弥呼のことを書いた中国の歴史書『魏志倭人伝』に、「倭国の男はおとなも子どももみな顔や体に入れ墨をしている」という文章がある。また、弥生時代のおわりごろの遺跡から、入れ墨をした顔の彫られた土器が見つかっている。土器のほかに顔に入れ墨をした土偶もあり、関東から九州中部にかけて40例以上の遺物が発見されている。

※写真は切り抜き加工をして掲載しています

日本人のなりたち

現在、日本人のなりたちを考えるうえで有力な学説になっている「二重構造モデル」説について紹介する。

弥生時代以前の日本人

日本列島に人が住みはじめたのはいまから約3万8000年前の旧石器時代だ。アフリカ大陸で生まれた人類（ホモ・サピエンス）が、遠く南のほうからユーラシア大陸の東側を通って日本列島にやってきたと考えられている。当時は氷河時代で、マンモスやナウマンゾウが日本列島にすんでいた。やがて氷河時代がおわり、約1万6000年前になると気候が温暖になり、土器が使われはじめて縄文時代になる。

約1万3000年つづいた縄文時代のあと、いまから約3000年前に、北東アジアからおもに朝鮮半島を通って九州北部や西日本に多くの人びとが渡来した。この渡来系弥生人とよばれる人びとは、稲作の農耕技術と金属器を日本列島に伝えた。弥生時代のはじまりだ。

「二重構造モデル」説とは

弥生時代以降、渡来系弥生人と、もとから日本列島に住んでいた縄文人（渡来系弥生人以外の人びと）とが、混血しながら日本列島本土に広がっていった。いっぽう、北海道と沖縄では渡来系弥生人との混血がなかった。北海道では縄文人の子孫がほぼそのままアイヌ人の集団へ、沖縄では縄文人の子孫がのちに本土からやってきた人びとと混血して琉球人（沖縄人）の集団へと変わっていった。こうして、日本列島には、北海道にはアイヌ人、本土には渡来系弥生人との混血がすんだ本土日本人、沖縄には琉球人（沖縄人）という3つの集団が生まれ、時代がくだるとともに現代の日本人になっていった。このように、縄文人の層の上に渡来系弥生人の層が重なることで現代の日本人につながる集団が生まれてきたと考える説が「二重構造モデル」説だ。

DNAを調べることで、日本人のなりたちもよりくわしくわかってきているよ

「二重構造モデル」説の基本的な考えかた

以下の図は、渡来系の人びとが日本列島にわたってきたことでどのように日本人がなりたっていったかをしめしている

出典：国立科学博物館展示「渡来人の拡散と日本人の形成」を参考に作成

約3万8000年前から日本列島には人びとが住んでいた

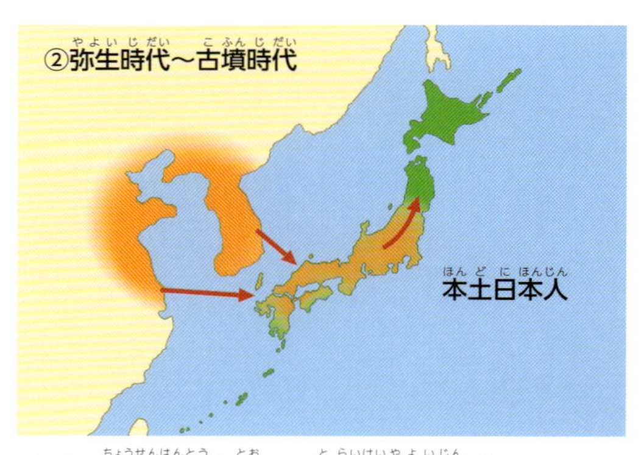

おもに朝鮮半島を通って渡来系弥生人がやってきて、縄文人と混血しながら日本列島本土に広まり、本土日本人になった

北海道では縄文人の子孫がアイヌ人になり、沖縄では本土からやってきた人びとが縄文人の子孫と混血して琉球人（沖縄人）になった

大陸から日本列島へ

　縄文人の祖先となる旧石器人は、4万9000年ほど前にアフリカを出て東南アジアにたどりついたホモ・サピエンスが、さらに海づたいに北上して日本列島にやってきたと考えられている。いっぽう、日本列島にやってきた人びととはべつに、東南アジアから陸地づたいに東アジアへと北上した人びとの集団がいた。彼らは、おもにいまの中国一帯に定住するが、顔がやや平らで、鼻が低くて細いといった特徴をそなえていた。日本列島に渡来した渡来系弥生人の人びとは、その子孫だ。

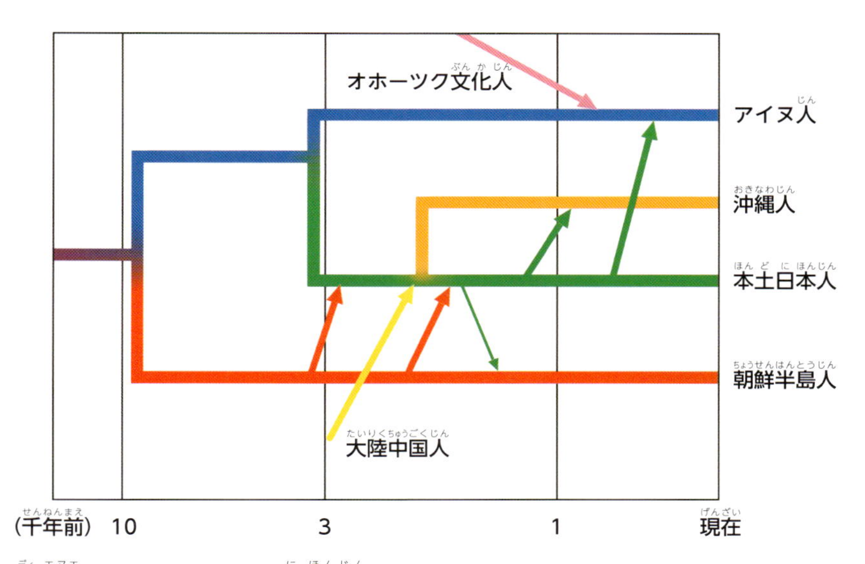

DNAからわかった日本人のなりたち
DNAを調べることで、古代に大陸にいた人びとの集団が、どのように移動して渡来系弥生人となり、日本列島に住む人びとにつながっていったかが、よりくわしくわかるようになった
出典：講談社ブルーバックス『図解　人類の進化』の「遺伝子データにもとづく系統樹」を加工して作成

DNAからあきらかになった新事実

　近年、新たに弥生時代の骨が発見されたり、古い人骨のDNAを調べる技術が開発されたりしたことで、「二重構造モデル」説は、より有力な説だと考えられるようになってきている。DNAをくわしく調べることで、アイヌ人の集団は、北海道東部のオホーツク海に面した地域に住んでいたオホーツク文化人との混血があり、それが現在の北海道の人びとにつながっていることがわかった。琉球人（沖縄人）の集団は、大陸からわたってきた人びとと、日本列島本土からわたってきた人びととの混血があって、現在の沖縄地方に住む人びとにつながっていることもわかった。本土日本人は、弥生時代に渡来系の人びとがやってきたのちに、古墳時代にも渡来系の人びととの混血があって、現在の本土日本人につながっていること、さらには、現在の朝鮮半島に住む人びとのなかにも古代の日本列島の人びととの混血をしめすDNAの情報があることなどがあきらかになっている。

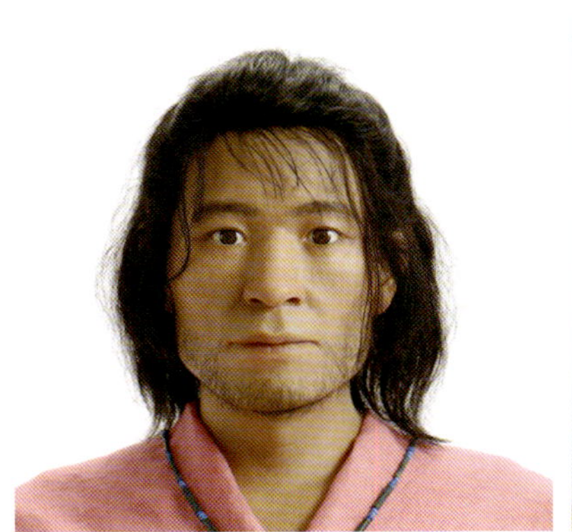
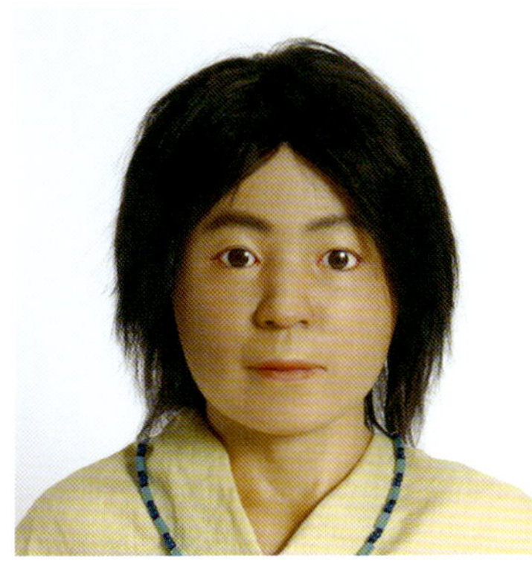

復元された弥生時代の男性
ふたつの男性像は、いずれも鳥取県の青谷上寺地遺跡で見つかった頭骨から復元された。DNAを調べた情報を使うことで、リアルな顔を復元することができた。右側の男性は、頭骨の形から、はじめは女性だと考えられていたが、DNAを調べた結果、男性だとわかった
写真提供：鳥取県（青谷上寺地遺跡）

研究者にきいてみた！

遺伝子（DNA）を調べてわかること

斎藤成也先生
国立遺伝学研究所　名誉教授

ヒトの遺伝子について研究している斎藤成也先生に、遺伝子を調べてわかった日本人のなりたちや、遺伝子の研究で新しくわかったこと、まだわかっていないことについて教えてもらったよ

「二重構造モデル」説がたしかめられた

ヒトのすがたや性質は、細胞の核のなかにある遺伝子によって決まります。遺伝子はDNA（デオキシリボ核酸）でできた細長い糸のような物質で、４種類の塩基成分*が対になってならんでいます（23ページ参照）。DNAのすべての塩基配列（ならびかた）の情報がゲノムです。現代日本人のゲノムを調べると、人類が日本列島にどのようにやってきたのかが、よりくわしくわかります。なぜなら、ヒトゲノムのDNAには32億の塩基配列があり、その100分の１を調べても3200万というとても多くの情報を得ることができるからです。これは発掘された土器や石器、骨や歯の化石の特徴を調べてわかることよりもはるかに多い情報量です。

ヒトのDNAの塩基配列のうち、個人個人や地域ごとにちがっているところがあります。このちがいを調べていくと現代の北海道のアイヌ人と沖縄人には、本土日本人にはない共通した遺伝的な特徴があることがわかりました。本土日本人は、縄文人よりも朝鮮半島の韓国の人に近いこともわかりました。

このことは、日本人のなりたちをあらわすと考えられている「二重構造モデル」説が、ゲノムの情報を調べることによってもたしかめられたことをあらわしています。ただし、アイヌ人と沖縄人は、縄文人だけが祖先なのではなく、ほかの遺伝子もまじっています。アイヌ人は遺伝子の３分の２を縄文人から受けついでいますが、のこりは奈良時代から平安時代のはじめに北海道北部にやってきたオホーツク沿岸に住む人と、本土日本人の遺伝子です。沖縄人は本土日本人と混血して、縄文人から受けついだものはアイヌ人よりも少なくなっています。

本土日本人のなかの二重構造

DNAは細胞の核のなかにもありますが、じつはミトコンドリアのなかにもふくまれています。ミトコンドリアDNAは核DNAにくらべて塩基のならびかたに変化が起こりやすいので、世代をさかのぼって遺伝情報を調べたとき、ちがいがわかりやすいという利点があります。これを利用して現代人の６万人のミトコンドリアDNAを調べた結果、本土日本人のなかでも中央軸と周辺部ではちがいがあることがわかりました。

中央軸というのは、渡来系弥生人の骨がたくさん見つかっている九州北部から都のあった奈良や京都の近畿地方、東京の関東地方を結んだものです。ここは弥生時代

＊４種類の塩基成分：DNA（デオキシリボ核酸）は、A（アデニン）、T（チミン）、G（グアニン）、C（シトシン）という４つの塩基成分からできている

から古墳時代にかけて渡来系弥生人や渡来人がやってきた地域です。いっぽう、周辺部は縄文時代のおわりごろから海をこえて漁労民が日本列島に移動してきて住みついた地域です。そのため、本土日本人も、縄文時代からいた人びとの層の上に新しくきた人の層が重なっている二重構造をしているのではないかとわたしは考えました。つまり、縄文人の層の上に渡来系弥生人の層が重なったという単純な「二重構造モデル」説ではないというわけです。

また、地域によってもちがいや多様性があります。たとえば九州の西北部の人は、渡来系弥生人があまりこなかったので縄文的な顔つきをしているといわれています。遺伝子を調べてそのちがいをグラフにすると縄文人と現代日本人の中間ぐらいに位置しています。さらに鹿児島県種子島の広田遺跡（弥生時代前期から古墳時代前期）の人びとのDNAはほぼ縄文人と変わらず、混血していません。いっぽうで、鳥取県の青谷上寺地遺跡（弥生時代）の人は現代の日本人に近い特徴をもっています。

まだわかっていないこともたくさんある

近年、次世代シークエンサーという高性能の装置を使って、縄文時代の人骨からもDNAをとりだして、ゲノムの情報を調べられるようになりました。

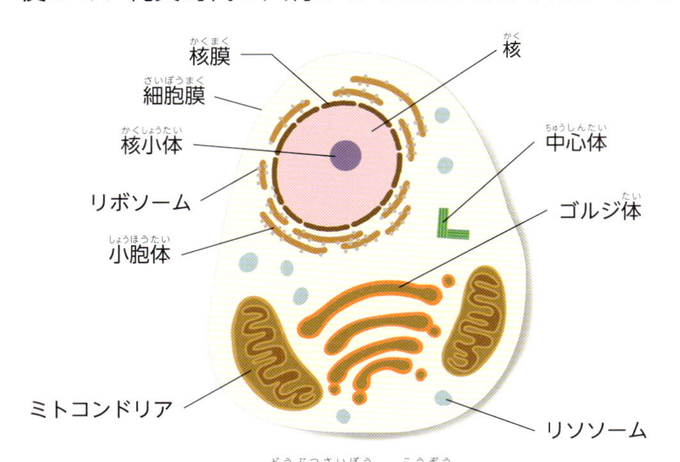

動物細胞の構造

DNAは、核のなかにある染色体と、ミトコンドリアのなかにふくまれている

出典：「バイオステーション」の「動物細胞の模式図」を加工して作成

本土日本の二重構造

出典：河出書房新社『核ＤＮＡ解析でたどる日本人の源流』の「日本列島中央部の中央軸と周辺部分」を加工して作成

北海道礼文島の船泊遺跡で発見された約3800年前の縄文時代の女性の骨からDNAをとりだしてすべてのゲノムの情報を調べたところ、DNAの66%が現在のアイヌ人に伝わっていることがわかりました。これに対して沖縄人には27%、本土日本人には12%くらいしか伝わっていませんでした。この女性は血液型がA型のRh+で、耳あかはしめり気のあるタイプ（現代日本人は9割はかわいたタイプ）、はだの色は浅黒く、髪の毛は少しちぢれていて、お酒に強い体質だったようです。

さらに古い旧石器時代の人骨は状態がよくないのですが、沖縄の港川人の骨はミトコンドリアDNAがすべて解読されています。その結果は、旧石器時代人がそのまま縄文人の祖先であることをしめしていました。旧石器時代のDNAはいまも日本列島人に受けつがれているわけです。今後さらに旧石器時代の骨が見つかると、より研究がすすむでしょう。

じつはDNAの塩基配列のうち遺伝情報を伝える遺伝子は2%ぐらいしかありません。のこりの98%はなにに使われているのか、あるいは使われていないのか、まだはっきりわかっていません。こんなところからも新たな科学の発見が期待できそうです。

古墳時代の人びとのすがた

日本最大級の古墳群のひとつである宮崎県の西都原古墳群から出土した装飾品

写真提供：宮崎県立西都原考古博物館

古墳時代の人骨が見つかった東京都三鷹市にある羽根沢台横穴墓群

写真提供：三鷹市教育委員会

横穴墓から見つかる古代人骨

各地方の力をもった王や豪族などが古墳をつくるようになった3世紀おわりごろから300年ほどを古墳時代という。4世紀後半になると、全長が100メートルをこえる巨大な古墳もつくられるようになった。古墳からは、はにわのほかに鏡、玉、かんむり、耳かざりなどの装飾品や剣、よろい、馬具などの副葬品が発見されている。古墳時代のおわりごろには、小さな古墳がたくさんあつまった群集墳がつくられるようになった。山の斜面に数基から数百基あつまってつくられている横穴墓*も群集墳のひとつだ。横穴墓からは数人から数十人分の人骨がいっしょに発見されることが多く、地域をおさめた有力者とその家族がほうむられたと考えられている。家族と思われる複数の人骨からDNAをとりだして調べることができれば、骨や遺伝情報の変化について、ひとつの人骨を調べるよりも多くのことがわかる。研究がすすめば、現代日本人がどのように誕生してきたのかがよりくわしくわかるのではないかと期待されている。

＊横穴墓：「よこあなぼ」と読むこともある

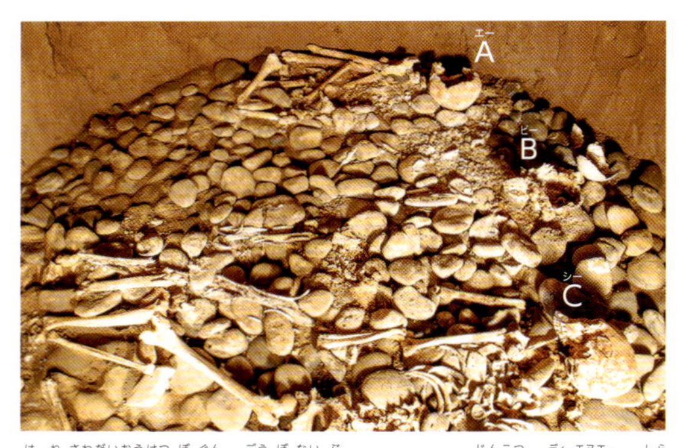

羽根沢台横穴墓群9号墓内部のようす。人骨のDNAを調べた結果、人骨Aは父親で、人骨BとCは異父兄弟である可能性が高いことがわかった　写真提供：三鷹市教育委員会

羽根沢台横穴墓9号A　羽根沢台横穴墓9号C

人骨Aと人骨Cの顔を復元した想像図

写真提供：三鷹市教育委員会

はにわからわかる人びとのすがた

古墳時代の人びとの服装や装飾品は、人物埴輪を見るとよくわかる。女性の像（写真左）は波のもようが入った上着を着て、長いスカートをはいている。イヤリングやネックレスもつけているところから、身分の高い女性であることがわかる。男性（写真右）は頭巾をかぶり、耳の横で髪の毛をたばねてたらす髪形（下げみずら）で、刀をさし、手には籠手をつけている。ふたりともふだんの服装ではなく儀式のためのものを身につけているが、当時の服装がよくあらわされている。顔は目と目のあいだが広く、鼻のつけ根が低く、鼻も低い。平たい顔だちをしている。これらの特徴は、古墳や横穴墓から発見される古墳時代の人の頭骨の特徴とあっていて、復元された人物の顔だちともにている。

はにわは古墳にねむる人のためにつくられた。そこが縄文時代の土偶とはちがうところだよ

はにわ　盛装女子
高さ126.5センチメートル
写真提供：ColBase（https://colbase.nich.go.jp/）

はにわ　盛装男子
高さ114.5センチメートル
写真提供：ColBase（https://colbase.nich.go.jp/）

古墳時代の人びとのDNAを調べてわかったこと

石川県金沢市の岩出横穴墓から発掘された古墳時代の頭骨のDNAを調べたところ、縄文人や渡来系弥生人に由来する成分（DNAの４種類の塩基のならびかた）のほかに、東アジアに由来する第３の成分がふくまれていることがわかった。この第３の成分は現代の日本人には受けつがれているが、縄文人や渡来系弥生人にはないものだ。

DNAを調べるために使われた石川県金沢市の岩出横穴墓から発掘された頭骨
写真提供：金沢市埋蔵文化財センター

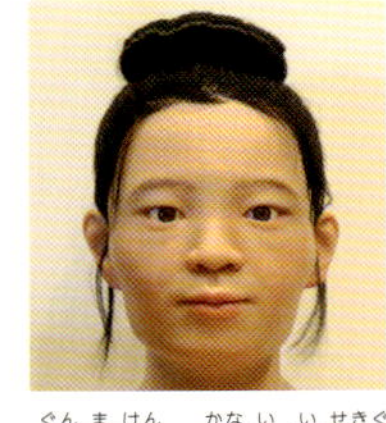

群馬県の金井遺跡群から発掘された頭骨をもとに顔を復元した像。右の男性は朝鮮半島の人びとににている。祖先は渡来系の人びとだったのだろう。左の女性は関東から東北の古墳時代の人に多い平たい顔だちをしている
写真提供：群馬県立歴史博物館

古墳時代に大陸からやってきた渡来人と交流があったことは、遺跡から発掘された遺物（鉄製の武器や須恵器とよばれる土器）をはじめ、漢字文化、ウマの飼育文化などが日本に広まったことからわかっていた。また「二重構造モデル」説（54ページ～55ページ参照）でも、弥生時代のあとも大陸から人びとがわたってきたと考えられていた。

今回、古墳時代の頭骨から現代日本人につながる第3の成分が見つかったことは、古墳時代にやってきた渡来人と、日本列島に住んでいた人びととのあいだで混血があったことを証明するものだ。これによって、これまでの「二重構造モデル」説を発展させた「三重構造モデル」説のほうが、じっさいの日本人誕生のようすに近いのではないかと考える研究者もでてきている。

※写真は切り抜き加工をして掲載しています

はにわのいろいろ

イヌ

イヌは縄文時代からヒトとともにくらしてきた。この犬形のはにわは、狩りのえもののイノシシやシカなどとともにつくられる。高さ47.1センチメートル、長さ52.5センチメートル

サル

動物をあらわしたはにわのなかでも、サルはほとんどつくられていないめずらしい存在。高さ27.3センチメートル、長さ21.9センチメートル

ウマ

くらをはじめ、馬具がていねいにつくられていて、古墳時代のウマのようすがよくわかるはにわのひとつ。高さ94センチメートル、長さ93センチメートル、幅32センチメートル

シカ

イヌのようにも見えるが、牙がないことや足が長いことなどから、シカをあらわしたはにわと考えられている。高さ52.7センチメートル、長さ48.5センチメートル、幅29.5センチメートル

イノシシ

狩りのえもののイノシシは、犬形のはにわや狩人のはにわとともにつくられることが多い。高さ50.8センチメートル、長さ60.5センチメートル、幅24.5センチメートル

人物埴輪は男性が多く、女性のものは少ない。身分が高い人物ほどきちんとつくられていて、身分が低いとかんたんな形になるんだって

おどる人びと

左手をあげたポーズと表情からおどる人びとの愛称で知られているが、馬をひくようすをあらわしているなどの説もある。高さ64センチメートル、幅17センチメートル（左）。高さ61.5センチメートル、幅14センチメートル（右）

写真提供（p60-61）：ColBase（https://colbase.nich.go.jp/）

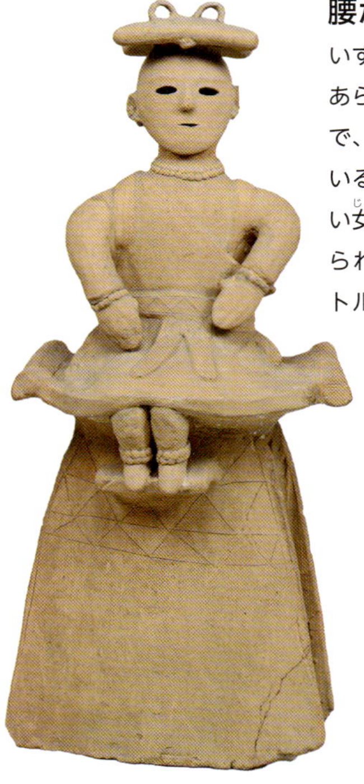

腰かける巫女

いすにすわった女性のすがたをあらわしたはにわ。服装が豪華で、全身がきちんと表現されているところなどから、身分の高い女性をあらわしていると考えられる。高さ68.5センチメートル

盾持人

盾をもった人をあらわしたはにわ。古墳のはしにおかれて古墳を守る役割をした。高さ99.5センチメートル

子持家

大きな建物の前後左右に小さな建物がついた家の形のはにわ。家の形のはにわは、古墳のてっぺんから発見されることが多く、とくべつな存在だったと考えられる。高さ54センチメートル、長さ95.6センチメートル、幅72.4センチメートル

船

外洋にも出られるような大型の船のすがたをあらわしたはにわ。古墳にねむる人の魂の旅だちをあらわしているとも考えられている。高さ38.7センチメートル、長さ100.3センチメートル

円筒埴輪

古墳の上やまわりにならべられた円筒のはにわ。古墳から見つかるもっとも多い形のはにわだ。国宝。基底部（いちばん下の段）の高さ25センチメートル

古墳を守るはにわ

はにわは、粘土を焼いてつくった土製品で、3世紀のおわりごろから7世紀にかけてつくられた。古墳の上やまわりにおくことで、古墳を守ったり、神聖な場所であることをしめしたりしていたと考えられている。はにわのなかでいちばん数が多いのは円筒埴輪で、4世紀ごろの古墳でよく見られる。5世紀ごろになると、人物や動物、武器、家など、いろいろなものをあらわしたはにわがつくられるようになっていった。

挂甲の武人

挂甲（古墳時代のよろいかぶと）を身につけた武人のはにわ。古墳時代6世紀の武人のすがたがよくあらわされていて、国宝に指定されている。高さ130.4センチメートル、幅38.6センチメートル、奥行27.3センチメートル

※写真は切り抜き加工をして掲載しています

おもな弥生・古墳・飛鳥時代の遺跡

日本にある弥生時代や古墳時代や飛鳥時代の遺跡のなかで、とくべつな遺物が発見された遺跡や弥生時代・古墳時代・飛鳥時代のことを学べる施設のある遺跡を紹介する。

土井ヶ浜遺跡（山口県）史跡

弥生時代前期から中期の人骨が約300体見つかり、完全なすがたのものが多いことで有名な集団墓地の跡。人骨の保存状態がよく、縄文時代と弥生時代の人びとの体つきや顔のちがいがあきらかになった。副葬品のうで輪、青銅の鏡なども出土し、当時の埋葬のしかたがよくわかる

大陸から伝わった文化がだんだん広まって、日本のすがたが大きく変わっていったんだね

土井ヶ浜遺跡

写真提供：土井ヶ浜遺跡・人類学ミュージアム

大塚遺跡（神奈川県）史跡

弥生時代中期の環濠集落の遺跡。約80軒の竪穴住居跡が見つかった。となりにある歳勝土遺跡は四角くみぞをめぐらせた墓地遺跡で、弥生時代の住居と墓との関係をあきらかにした貴重な例となっている

大塚遺跡

写真提供：横浜市歴史博物館

日高遺跡（群馬県）

1977年の発掘調査で、箱根より北で弥生時代の水田がはじめて見つかった遺跡。浅間山の大噴火で軽石が上に積もったおかげで、あぜ道やため池の跡などがよい状態でのこっている

青谷上寺地遺跡（鳥取県）史跡

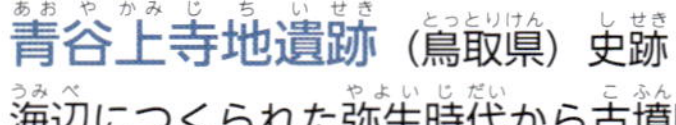

海辺につくられた弥生時代から古墳時代にかけてのムラの遺跡。木製品や骨角製品、金属器など多くの遺物が発見されている。人骨も見つかっていて、脳がのこった人骨もあった

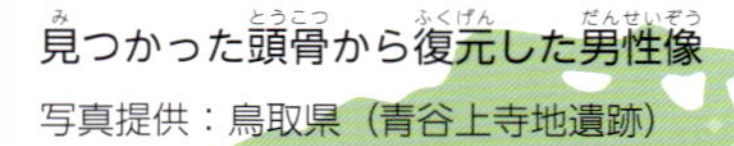

見つかった頭骨から復元した男性像

写真提供：鳥取県（青谷上寺地遺跡）

三殿台遺跡（神奈川県）史跡

縄文時代から弥生時代、古墳時代のムラの住居跡。竪穴住居が約270軒あり、そのなかでも弥生時代のものが約170軒と多いのが特徴で、当時の生活がよくわかる

三殿台遺跡　写真提供：横浜市三殿台考古館

● 土井ヶ浜遺跡

有珠モシリ遺跡で見つかった、ふたりの女性がいっしょに埋葬された墓

写真提供：伊達市教育委員会

有珠モシリ遺跡（北海道）

縄文時代のおわりごろから約2000年前までの遺跡で、貝塚や多くの墓が見つかった。沖縄のまわりでしかとれないイモガイでつくったうで輪も出土し、日本列島で南北の交流があったことがわかる

垂柳遺跡（青森県）史跡

津軽平野にある弥生時代中期末ごろの田んぼの遺跡。弥生時代に本州の北端まで米づくりが広まっていたことをしめしている。土器や石器のほか炭になった米も見つかっている

垂柳遺跡の水田跡

写真提供：田舎館村教育委員会

地蔵田遺跡（秋田県）史跡

全国的にもめずらしい、木柵でかこまれた弥生時代前期の集落跡。当時北九州から西日本一帯に広がっていた土器の影響を受けた大きなつぼも発掘されていて、弥生文化の広がりがわかる

地蔵田遺跡

日高遺跡で見つかった弥生土器

写真提供：群馬県

埼玉古墳群（埼玉県）特別史跡

5世紀後半から7世紀なかごろにかけて、大宮台地にきずかれた古墳群。いまも前方後円墳8基、円墳1基がある。最古の稲荷山古墳からは金の文字がきざまれた鉄剣が発見されている

埼玉古墳群

写真提供：PIXTA

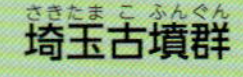

大塚遺跡

三殿台遺跡

弥生二丁目遺跡（東京都）史跡

貝塚と幅2メートルのみぞが2本あり、弥生時代後期の集落跡とみられる。明治時代にはじめて弥生町で見つかった「弥生土器」が弥生時代の名前のもとになったが、正確な発見場所は特定されていない。この遺跡は可能性が高いとされる場所のひとつ

明治時代にはじめて見つかった弥生土器

写真提供：東京大学総合研究博物館

※写真は切り抜き加工をして掲載しています

菜畑遺跡　写真提供：唐津市

原の辻遺跡（長崎県）

特別史跡

弥生時代に日本本土と朝鮮半島との交流拠点としてさかえた壱岐島にある大規模な環濠集落跡。中国の歴史書『魏志倭人伝』にしるされた「一支国」の王都に特定されている

原の辻遺跡

写真提供：壱岐市教育委員会

菜畑遺跡（佐賀県）史跡

日本最古とされる水田の跡が見つかったムラの遺跡。水田は区画ごとに仕切られていた。木製の農具や土器、磨製石器、骨角器などが出土している

吉野ヶ里遺跡（佐賀県）特別史跡

約700年つづいた弥生時代最大規模の環濠集落の遺跡。朝鮮半島や中国と交流していたことがわかる遺物も多数発見されている。武器できずつけられた人骨も見つかり、それまでの弥生時代についての考えかたを大きく変えた遺跡でもある

吉野ヶ里遺跡

写真提供：国営吉野ヶ里歴史公園

板付遺跡　写真提供：福岡市

板付遺跡（福岡県）史跡

縄文時代のおわりごろに日本で米づくりがおこなわれていたことをしめした遺跡のひとつ。縄文土器が出土した地層から、水田や水路の跡、米を保存するあなが見つかった。当時の人の足跡ものこっている

木綿原遺跡の箱式石棺墓

写真提供：世界遺産座喜味城跡ユンタンザミュージアム

木綿原遺跡（沖縄県）史跡

石の板を組みあわせた「箱式石棺墓」が7つと17体の人骨が出土し、約2300年前に沖縄で「箱式石棺墓」を利用した埋葬がおこなわれていたことがわかった。九州から伝わったと考えられる土器なども見つかっていて、本土の弥生文化との交流があったことをしめす重要な遺跡

百舌鳥古墳群（大阪府）史跡

4世紀後半〜6世紀前半につくられた古墳群で、大小約100基の古墳があつまっている。日本最大の前方後円墳である仁徳天皇陵古墳（大仙陵古墳）はエジプトのクフ王のピラミッドや中国の始皇帝陵にならぶ巨大なものだ

仁徳天皇陵古墳　写真提供：堺市博物館

藤ノ木古墳

池上曽根遺跡

唐古・鍵遺跡

藤ノ木古墳から発見された副葬品

写真提供：奈良県立橿原考古学研究所附属博物館（所蔵：文化庁）

登呂遺跡

写真提供：静岡市立登呂博物館

纒向遺跡（奈良県）史跡

3世紀はじめにできた国内最大級の集落跡。南北約1.5キロメートル、東西約2キロメートルに初期の前方後円墳が点在する。日本で最初の「都市」で、初期ヤマト政権の中心地だった可能性がある

纒向遺跡　写真提供：桜井市教育委員会

登呂遺跡（静岡県）特別史跡

住居や高床倉庫などの跡とともに約8ヘクタールの水田跡が発見された弥生時代の遺跡。日本ではじめて弥生時代に水田稲作がおこなわれていたことをあきらかにした

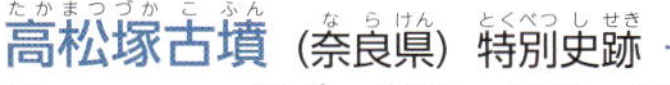

高松塚古墳（奈良県）特別史跡

色あざやかな壁画が有名な遺跡。飛鳥時代のおわりごろ、7世紀末〜8世紀はじめにつくられた。壁画は16人の男女や青龍、白虎などがえがかれていて、国宝に指定されている

高松塚古墳壁画

写真提供：奈良文化財研究所

国（文部科学省所管）

藤ノ木古墳（奈良県）史跡

法隆寺の近くにある直径約50メートルの円墳。6世紀後半につくられ、石棺にふたりが埋葬されていた。かんむりやはきもの、馬具などの豪華な副葬品がそのままのこっていて、国宝になっている

唐古・鍵遺跡（奈良県）史跡

関西地方を代表する約42万平方メートルの大規模な環濠集落遺跡。青銅器の製造施設や日本各地の土器、石器、木製品などいろいろな遺物が出土している。弥生時代の文化の高さを知ることのできる重要な遺跡のひとつだ

唐古・鍵遺跡

写真提供：PIXTA

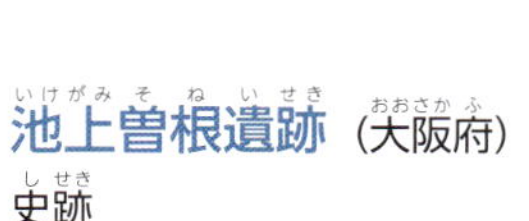

池上曽根遺跡（大阪府）史跡

弥生時代中期の大きな環濠集落の遺跡。中央に高さ11メートルの巨大な掘立柱建物や大きな井戸の跡がある。竪穴住居がたびたびたてかえられた跡ものこっている

池上曽根遺跡

写真提供：和泉市教育委員会

※写真は切り抜き加工をして掲載しています

奈良時代の人びとのくらし

平城宮跡に復元された平城宮の第一次大極殿。平城宮最大の建物で、天皇の即位や外国の使節との面会など、重要な儀式をおこなうときに使われた。 正面約44メートル、側面約20メートル、高さ約27メートル　写真提供：奈良文化財研究所

平城京に住んだ人びと

古墳時代・飛鳥時代がおわり、都も飛鳥京から藤原京、710年には平城京（奈良県奈良市）へと移された。平城京は、天皇中心の政治をおこなうためにつくられた都市だ。天皇や貴族、役所ではたらく役人と家族をはじめ、その生活をささえた人びとなど、あわせて5万人～10万人が住んでいたと考えられている。このなかには、各地から納税のためにやってきた人、工事をになう人、外国からやってきた人など、一時的に滞在する人びともいた。

天皇のすまいである内裏、儀式や政治をおこなう大極殿や朝堂院、役所や庭園などからなる平城宮は、平城京の北のはしの中央付近に位置していた。まわりを塀でかこわれ、正門である朱雀門をはじめとした12の門がもうけられていて、皇族、貴族、役人、使用人などのかぎられた人びとしか出入りできなかった。

平城京の復元模型　写真提供：奈良市役所

平城京の面積は約25平方キロメートル。現在の皇居が20個以上、東京ドームが500個以上入る、とても広い都だったんだ

とても広かった貴族の邸宅

奈良時代の貴族や役人は、位によって支給される敷地（家をたてる土地の広さ）が決まっていた。平城京では、位が高いほど平城宮の近くに広い敷地があたえられた。大量の木簡が発見されたことで知られる長屋王の邸宅跡は、平城宮のすぐ東南にあり、敷地の広さが6万平方メートル*もあった。長屋王は天武天皇の孫にあたる人物で、正二位の左大臣だった。敷地のなかには、建物の正面が24メートル、奥行きが15メートルもある正殿をはじめ、くらしに必要な生活の用具をつくる工房、役所、食事をつくるところ、使用人たちが住んだ建物などがあった。

いっぽう、庶民は、古墳時代と同じような竪穴住居や掘立柱建物に住んでいた。渡来系の人びとが多く住んだ地域では、たくさんの柱をたてて柱と柱のあいだに土壁をぬった大壁建物なども見つかっている。家の敷地面積は、建物が2、3棟と井戸がある場合で200平方メートル（約60坪）ほどだった。

奈良時代の掘立柱建物　写真提供：島根県立八雲立つ風土記の丘

奈良時代の竪穴住居　写真提供：袖ケ浦市郷土博物館

長屋王の邸宅復元模型　写真提供：奈良文化財研究所

＊ 6万平方メートルは東京ドームの1.2倍、甲子園球場の1.5倍の広さ

奈良時代の人びとの道具

奈良時代、日本は大陸の唐や渤海、朝鮮半島の新羅と交流があった。唐にはシルクロードを通じて世界各国の文化があつまっていた。唐のすすんだ文化や制度をはじめ、めずらしいものが遣唐使などによってもちかえられ、一部は正倉院*の宝物として伝わっている。近年の研究で、9000点以上ある宝物の多くは、デザインや技術が日本に伝えられ、それを学んだ職人が日本の材料を使ってつくったことがわかった。このほか、平城京跡を中心に、各地からさまざまな遺物が見つかっている。

正倉院の宝物

白瑠璃碗
亀甲模様にカットされたガラス製の碗。ササン朝ペルシャでつくられたとされる。高さ8.5センチメートル

鳥毛立女屏風（部分）
木の下に立つ女性のすがたをえがいた屏風。長さ136.2センチメートル、幅56.2センチメートル。服の部分に山鳥の羽根がはられていた。紙を調べて、日本でつくられたものであることがわかった

漆胡瓶
ウルシをぬった水さし。高さ41.3センチメートル。古代ペルシャ風の形をしていて、シルクロードを通じて文化の交流があったことをしめしている

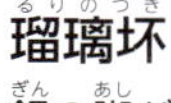

瑠璃坏
銀の脚がついたガラスの坏。ガラスの部分はペルシャでつくられた。高さ11.2センチメートル。シルクロードを通って唐から日本にやってきた

螺鈿紫檀五絃琵琶
世界にひとつだけのこっている絃が5本の琵琶。起源はインドで、中国にわたり、日本にやってきた。全長108.1センチメートル

出典（p68）：正倉院宝物

＊正倉院：奈良の東大寺にある高床建築・校倉造りの倉。聖武天皇が愛用した品、奈良の大仏が完成したときの儀式で使われた道具、当時の文書、東西の文化の交流をしめす品などが宝物としておさめられている

各地で発掘されたもの

お金

古代に使われていたお金でもっとも古いのは無文銀銭（667年～672年）で、銀の板を丸く切ったもの。683年に銅銭の富本銭がつくられ、708年に和同開珎がつくられた

写真提供：ColBase（https://colbase.nich.go.jp/）

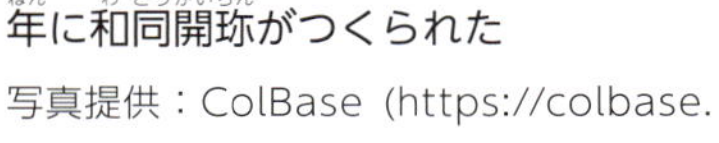

無文銀銭

和同開珎

富本銭

人面墨書土器

まじないに使われた土器。疫病神のような顔が墨でえがかれている。息をふきかけ川やみぞに流すことで、病気などから自分の身を守ろうとしたと考えられている　写真提供：大野城市

呪符

平城宮跡から出土した、まじないに使われたお札。病の回復や疫病よけをいのるお守りのようなものではないかと考えられている

写真提供：ColBase（https://colbase.nich.go.jp/）

すずり

奈良時代の役人などが使ったすずりは、石のものではなく、丸い形をした焼きものが一般的だった。位が低い役人になると、われた土器などで代用した

写真提供：三原市教育委員会

くし

奈良時代以前は、たてぐしが多かったが、奈良時代になると横ぐしが広く使われるようになった

写真提供：大阪市文化財協会

ちゅう木

ちゅう木とは、木を細く棒状にしたもの。奈良時代の人びとはトイレットペーパーの代わりにこれを使って、おしりをきれいにしていた。使えなくなった木簡などを再利用した　写真提供：奈良文化財研究所

食器

古墳時代の人たちが使っていた食器は底が丸く、いっぽうの手で食器をもって手づかみで食事をしていたようだ。飛鳥時代後半から奈良時代になると、食器の底が平らになったり、低い台がつくようになったりする。これは中国や朝鮮半島の国ぐにとの交流によってはしを使うようになり、食事のしかたが変わったためだと考えられている

写真提供：奈良文化財研究所

これは奈良時代の「うんち」だ。うんちといってもくさくなくて、粘土みたいな状態だよ。道具ではないけど、くわしく調べると、奈良時代の人びとがなにを食べていたかとか、いろいろなことがわかるんだって

うんち　写真提供：奈良文化財研究所

※写真は切り抜き加工をして掲載しています

奈良時代の人びとの食べもの

貴族の豪華な食事

奈良時代の人びとがどのようなものを食べていたかは、正倉院などに伝わっている古い文書や平城京から発見された木簡などによって、あきらかになってきている。下の写真は、長屋王の邸宅跡から見つかった木簡などをもとに、貴族のふだんの食事を再現したものだ。食器はうるしぬりのうつわが使われ、とくべつな日には金属の食器が使われた。

貴族の食事は、とてもぜいたくなものだった。白米を主食として、全国各地から税として送られてきた海産物などを材料に、10種類以上の料理がならんだ。野菜はゆでものやつけものにして食べ、海産物はほとんどは干したものだが、川でとれたサケの膾（魚の身を細く切ってあえたもの）や生ガキを食べることもあり、シカの肉や牛乳を加工した蘇なども食べていた。料理そのものは味つけされておらず、塩をつけたり醤（しょうゆ・みそ）をつけたりして食べた。

奈良時代の庶民の食事：赤米や玄米のごはんと青菜の汁物に塩がついたもの。食器は素焼きの土器が使われ、貴族の食事にくらべてとても質素だ

写真提供：奈良文化財研究所

奈良時代の貴族の食事を再現したもの　①ハスの葉でつつんだチマキ　②菓子　③ナスとウリのしょうゆづけ　④野菜の塩づけ　⑤蘇：乳製品　⑥焼きアワビ　⑦野菜のゆでもの（しょうゆ・かつおだし風味）　⑧焼きエビ　⑨ナマコのゆでもの　⑩干しダコ　⑪生ガキ　⑫シカの肉の塩辛　⑬生サケのあえもの　⑭ハスの実入りごはん　⑮醤：しょうゆ・みそ　⑯塩　⑰カモの肉を入れたスープ　写真提供：奈良文化財研究所

木簡からわかる貴族が食べていたもの

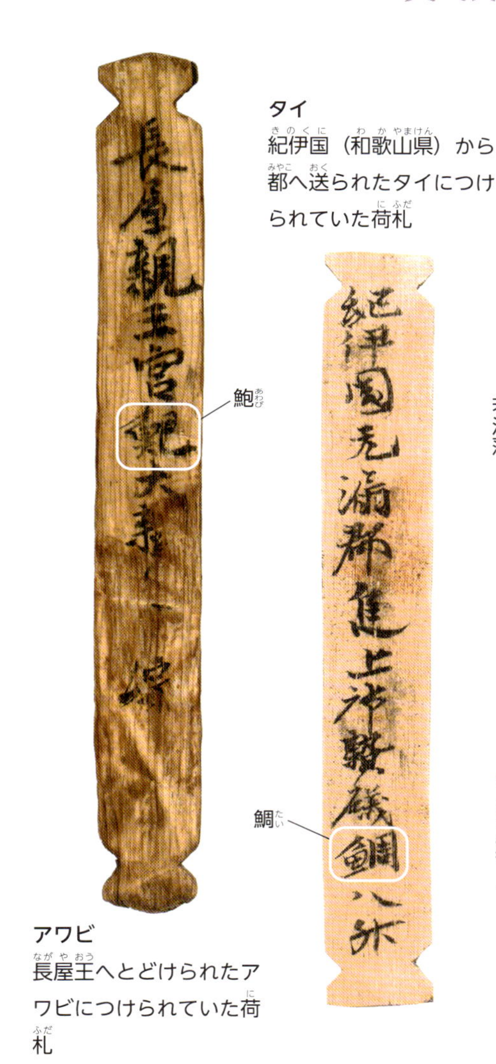

アワビ
長屋王へとどけられたアワビにつけられていた荷札

タイ
紀伊国（和歌山県）から都へ送られたタイにつけられていた荷札

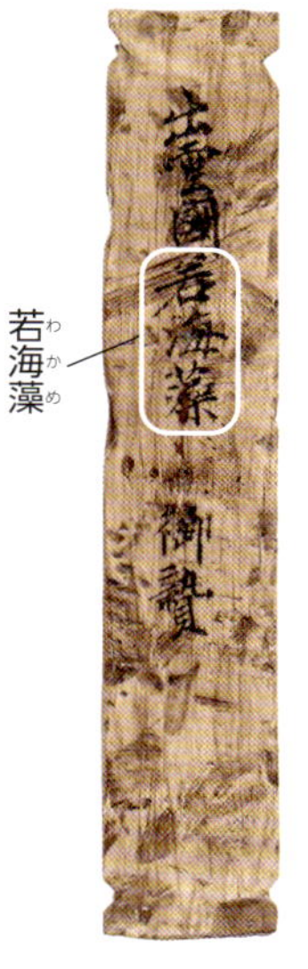

ワカメ
出雲国（島根県）から都へ送られたワカメにつけられていた荷札

つけもの（粕づけ毛瓜／醤づけ毛瓜）
贈りものとして送られた毛瓜（トウガン）などのつけものの荷札。野菜を酒粕やしょうゆにつけたつけものが食べられていたことがわかる

生蘇
近江国（滋賀県）から都へ送られた生蘇（牛乳をにつめてつくる乳製品）につけられていた荷札

牛乳
牛乳はとても貴重なもので、薬と同じようにあつかわれた。位の高い貴族しか手に入れられなかった

牛乳

木簡ってなに？

木簡とは、地中から見つかる、文字の書かれた木片や木の札のことだ。なにかを記録するための材料としては、平安時代になると「紙」が広く使われるようになるが、奈良時代はまだ紙がとても貴重で、木と紙を使いわけていた。木は表面をけずれば何度も再利用できたので、一時的な記録用としては木を使い、それらをまとめて記録するためには紙が使われた。木簡の種類としては、地方から都へ税として送られる荷物の「荷札」、役所からの命令書などの「文書」、字を練習した「習書」、そのほか、まじないに使われたものなどがある。木簡をけずった木くずも、字がのこっていれば木簡に分類される。紙は、土のなかに埋まるととけてなくなってしまうが、木は、空気や日光にふれない、しめった土のなかなら1000年以上ものこる場合がある。木簡にのこった文字を読みとくことで、奈良時代の人びとのくらしや制度のことがわかる。現在でも発掘と研究がつづけられている。

写真提供（p71）：ColBase (https://colbase.nich.go.jp/)
※写真は切り抜き加工をして掲載しています

奈良時代の人びとのすがた

貴族の服装　写真提供：奈良文化財研究所

一位……深紫（こい紫色）
二位……浅紫（うすい紫色）
三位……浅紫（うすい紫色）
四位……深緋（こい赤色）
五位……浅緋（うすい赤色）
六位……深緑（こい緑色）
七位……浅緑（うすい緑色）
八位……深縹（こい青紫色）
初位……浅縹（うすい青紫色）

貴族の衣服の色は位によって決められていて、こい紫色はいちばん位の高い貴族が使用した。平安時代後期になると、四位以上は黒色、五位は緋、六位以下は縹になった

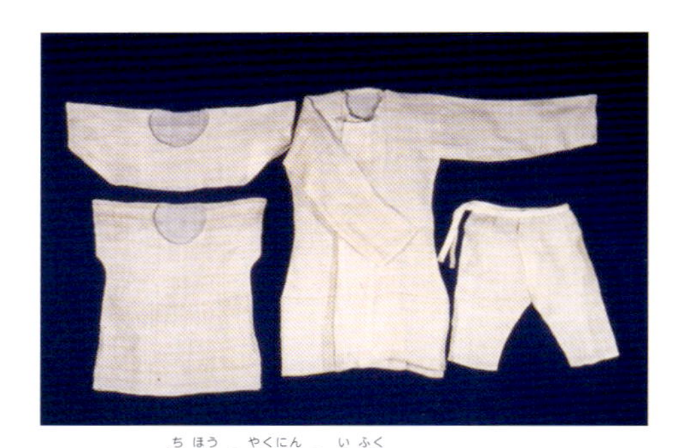

地方の役人の衣服
写真提供：市川市立考古博物館

奈良時代の人骨が見つからない？

奈良時代やつぎの平安時代に生きた人びとが、じっさいにどんなすがたをしていたのかは、よくわかっていない。なぜなら、顔や体格を調べられるような骨がほとんど見つかっていないからだ。身分の高い人びとは火葬され、庶民は亡くなると埋葬されることなく野山にはこばれることが多かったと考えられている。

しかし、当時の人びとの服装は、資料や遺物からわかっていることも多い。貴族の衣服の素材は絹で、位によってどの色の上衣を着るかが決められていた。自分より位の高い人が使う色は使えなかった。庶民や地方の役人の衣服の素材は麻やカラムシなどが多く使われた。貴族も庶民も、頭にはかんむりやずきんをかぶっていた。はきものは、布や革製のものもあったが、はくことができたのは身分の高い人だけで、庶民は木製のくつやげた、ワラを編んでつくったわらじなどをはき、はだしの場合もあった。

かんむりやずきんは家のなかでもかぶっていたよ。かぶらないのは、礼儀正しくない、はずかしいことだと考えていたんだ

らくがきも宝物

奈良時代の骨はほとんど見つかっていないが、このような顔をした人がいたとわかるおもしろい資料がある。右側の写真は、平城京の遺跡から発掘された木簡や板にのこされていたらくがきだ。役人が仕事なかまの顔をかいたと思われる（役人特有のずきんをかぶっているので役人とわかる）。左側の「大大論」と書かれた人物画は、奈良時代の写経生（お寺や貴族の家でお経を書き写す仕事をした人）がいらなくなった紙にらくがきしたもので、正倉院におさめられている文書の一部だ。

いたずらでかいたものでも1300年たてば当時のことがわかる立派な資料になり、両方とも大切にされている。

大大論の人物戯画（らくがき）
正倉院文書『続修別集』第48巻。議論が白熱しているようすをいたずらでらくがきしたものと考えられている　出典：正倉院宝物

役人のあんな顔、こんな顔
木簡や板にらくがきされた顔。らくがきのなかでは人の顔がいちばん多い　写真提供：奈良文化財研究所

平城京にはお墓がなかった？

5万人～10万人もの人びとが住んでいた平城京には、薬師寺や唐招提寺など大きなお寺もたてられているのに、お墓はなかった。なぜなら平城京のなかで埋葬するのは法律できびしく禁じられていたからだ。奈良時代には天皇が亡くなると、平城京の北に埋葬された。貴族や役人は平城京の周辺の山のなかなどに埋葬された。古墳時代のお墓が、そのまま利用されることもあった。8世紀ごろから仏教の火葬の風習がとりいれられて、天皇や貴族など身分の高い人のあいだで火葬が広まったとされる。火葬後の骨は骨蔵器といわれる骨壺に入れられてお墓におさめられた。だれだかわかるように名前や亡くなった年を書いた金属製の札（墓誌）が入れられることもあった。

では、ふつうの人びとはというと、はっきりわかっていないが、亡くなると埋葬されずに野山や川原におかれることが多かったらしい。火葬するための薪代がとても高く、そのまま布などにつつんですてられたこともあったようだ。だれもがお墓に入るようになるのは、江戸時代になってからのことで、火葬ではなく土葬が一般的だった。日本で火葬が一般的になるのは明治時代以降のことだ。

墓誌・骨蔵器（奈良県佐井寺僧道薬墓出土）
佐井寺の僧・道薬の骨がおさめられた骨蔵器と銀製の墓誌
写真提供：ColBase (https://colbase.nich.go.jp/)

※写真は切り抜き加工をして掲載しています

研究者にきいてみた！

古い土器や木簡を調べてわかること

土器や「木簡」という文字が書かれた木の札から、むかしのいろいろなことがわかってくる。平城京跡の発掘調査をしている神野恵先生に、奈良時代の人びとがどんなくらしをしていたのか教えてもらったよ

神野恵先生
奈良文化財研究所　企画調整部　展示公開活用研究室長

土器に書かれた文字からわかること

土器はむかしの人びとにとって日用品として使う身近なものでした。地中に埋まってもくさらないので、いまもむかしのすがたのままで出てきます。奈良時代の都、平城京の遺跡からは、須恵器（窯のなかで焼いたかたい土器）や、土師器（素焼きの土器）がたくさん出てきます。食器や調理器具として使ったり、保存食をためておいたり、お酒をつくったりするのにも使いました。

柏の葉がついた状態で見つかった土器。しめった粘土にぴったりつつまれて1300年前から保存されていたものだ

写真提供：奈良文化財研究所

須恵器のなかで「宮内省」など役所の名前が墨で書かれたものは役所の備品だったのでしょう。いっぽうで土師器は窯がなくても手軽につくれますが、よごれがしみこみやすく、あらっても落ちないし、かわかしてもカビがはえやすいので、すぐに交換する必要がありました。なかには柏の葉がついた土器も見つかっています。なるべくよごれないように葉をしいたことが想像できます。

字を書いた土器はほかにもたくさん見つかっています。平城宮の役人には給食が出されました。ごはんが中心の質素な食事で、塩や酢、いまのしょうゆやみそのような醤などといっしょに食べました。ふたに「味物料理」と書かれた土器には、味つけをしたおかずを入れたようです。「水」や「おかゆ」と書かれたうつわや、鳥のえさを入れる「鳥の器」と書かれたものもありました。

また、土器で字の練習をしたり、動物や人の顔の絵がかかれたりしたものもあります。当時は紙が貴重品だったからです。九九が書かれた土器も見つかっています。算数が苦手だったのか、なにかのおまじないだったのかもしれません。食器で墨をすることもありました。すずりは貴族しか使えない高級品だったのでしょう。

荷札などに使われた木簡

平城京の井戸やごみすてあななどからは、土器だけでなく文字が書かれた木の札が出てきます。これは木簡といって、いろいろな内容を木に書いたメモのようなもので、1300年もむかしのことがわかる貴重な資料です。数が多いのは荷札木簡で、日本各地から都に送った荷物のなかみや送った人、日にちなどが書かれています。それを見ると、塩や米、海藻やアワビなどの海産物、蘇というチーズのような乳製品、ハシバミの実などの木の実が、地方から都に税としておさめられていました。また、平城京には氷室*の跡がありますが、冬のあいだに氷を切ってここに保存し、夏に食べたことが木簡からわかります。冷たいもので暑さをしのぐのはいまと変わりません。当時は一部の人のぜいたくな楽しみだったのでしょう。

荷札木簡は荷物からはずすとすてられましたが、役人の出勤や仕事の評価を記録した文書木簡は文字を書いた表面をけずってくりかえし使いました。あとでべつのことにも再利用し、たとえばトイレでおしりをきれいにするための木べら（ちゅう木）にしたりしました（69ページ参照）。大きな木簡を井戸のわくにしたものもあります。

木簡は意外な事実もあきらかにします。平城宮の中心となるいちばん大きな建物は大極殿ですが、敷地の土のなかから出てきた木簡の日付から、遷都された710年には、大極殿の建物はまだたっていなかったことがわかりました。このように建設がおくれていたことは、公式の歴史書である『続日本紀』にも書かれていない新発見でした。

歴史書に書かれていないことがわかる

新型コロナウイルス感染症の流行がきっかけで、わたしは奈良時代の病気についても調べています。奈良時代には天然痘が大流行して、平城京に住んでいた人の4人

〈表〉
南山之下有不流水其中有
一大蛇九頭一尾不食余物但
食唐鬼朝食三千暮食
（11・7・4）

〈裏〉
八百　急々如律令

平城京二条大路濠状土坑から出土した呪符木簡の赤外線写真。天然痘の流行が早くおわるようにといのったもの

写真提供：奈良文化財研究所

～5人にひとりが亡くなりました。天然痘の流行が早くおわるようにといのる文句が書かれた木簡も出ています。天然痘の流行がはじまると、ひとつの須恵器の大皿に料理をもってみんなで食べることをやめたようです。さらに、役人の給食では、各自が小さめの土師器の食器を使うようになっていきます。まだ使える状態なのにすてられていますから、食器の使いまわしをやめて使いすてにして、病気がうつらないようにしたようです。名前が書いてある「マイ食器」も見つかっています。

奈良時代後期の土器には、おそろしい顔をかいた人面墨書土器（69ページ参照）というものがあります。疫病神の顔という説もありますが、わたしは鍾馗さまの顔ではないかと思います。鍾馗さまは中国から伝わった神さまで、病気のもとになる鬼をつかまえると信じられていたからです。平城京のなかでも中心からはなれたところでたくさん見つかるので、一般の人たちがこれでおまじないをしたのではないでしょうか。

奈良文化財研究所をたてかえるのにあわせて発掘調査をしたときには、「奈良京」と書かれた木簡が出てきました。このことから平城京をつくっているときは奈良京とよんでいたことがわかったのです。このように土器や木簡などは、文書の記録に出てこないようなことを伝えてくれます。平城京の遺跡発掘調査はまだ半分もすすんでいないので、歴史の常識を変える発見がこれからあるかもしれません。

*氷室：冬に切りだした氷を夏までたくわえておくために、外の空気にふれないようにしたあなや部屋

平城宮跡、ただいま発掘中！

奈良時代の都・平城京の中心だった平城宮跡では、調査が開始されて約60年、いまも発掘調査がつづけられている。発見された土器やかわら、木簡など、さまざまな遺物は、発掘された情報とともに整理されて公開される。遺物は発掘記録とともに保存され、伝えられていくことで、いろいろな研究の役にたつ。発見された遺物がどのように整理されるのか、奈良文化財研究所の神野先生に教えてもらったよ

発見された土器は、出土した位置や日付などを記録したカードといっしょに研究所に運ばれます

洗浄：土器のかけらを筆を使ってあらいます。表面についているかもしれない炭化物やウルシなどをあらいおとしてしまわないように慎重に作業します

発見された土器の整理

①洗浄：土器のかけらをきれいにあらう

↓

②注記：かけらに発掘の情報を書きこむ

↓

③接合・復元：かけらをつないで、もとの形に復元する

↓

④実測：復元した土器をはかって図面にする

↓

⑤データ化：図面をデータ化・写真を撮影

↓

⑥報告書作成・刊行

発掘調査は、遺物の整理と記録が遺物の価値を高めます。どうやるのかいっしょに見ていきましょう！

ぼくが見つけたんだよ！

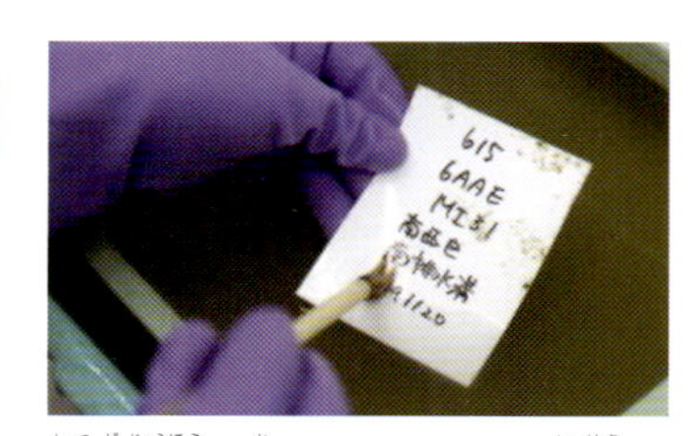

出土情報が書かれたカード：遺跡のどこの地点、どこの地層から出てきたのかは、遺物がいつの時代のものかを判断する基準になります

写真提供（p76-77）：奈良文化財研究所

注記：土器に出土地点の情報を小さな字で記入します

接合：土器のかけらを、ひとつひとつ、つなぎます。1時間でひとつしか接合できないこともあります

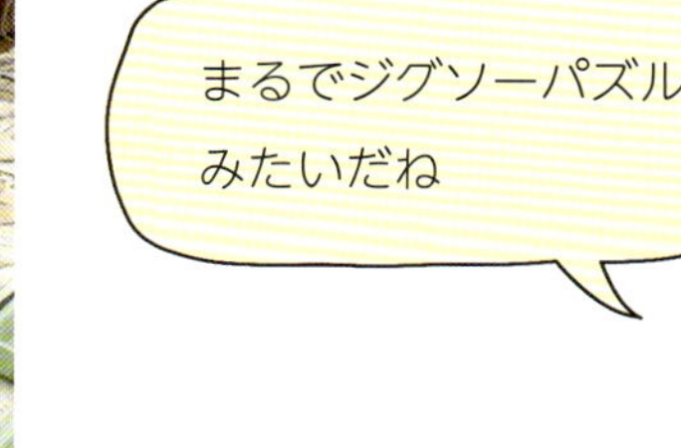

復元：土器のかけらを接合し、もとの形に復元します。たりないところは、石こうなどでおぎないます

実測：復元した土器をいろいろな道具を使ってはかり、原寸大の図（実測図）をつくります

土器はつくられた時期によって形や大きさ、製作方法が変化します。土器のつくられた年代がわかれば、出てきた地層の年代やほかの遺物の年代を知る手がかりになるので、土器の形や状態は正確に記録する必要があります

データ化：実測図を印刷などに使えるようにパソコンでデータ化します

拓本：かわらなどで表面にもようがある場合は、墨をこすりつけて紙に写しとります

平城京のなかでもとくに重要な平城宮跡などは、発掘調査後も史跡として保存されるけれど、建設工事などで発見される多くのほかの遺跡は、調査がおわると工事のためにこわされる。だから遺跡を記録としてのこし、保存して伝えていくことは、遺跡そのものをのこすのと同じように大切なんだって

データベース登録：外国から運ばれてきた土器や墨書きのあるものなど、とくべつなものは写真もとり、データベースに登録します

毎年、つくられている奈良文化財研究所の『発掘調査報告』。記録は報告書として公開され、復元した土器は保管されて博物館などで公開されます

平安時代の人びとのくらし

異常気象が多かった平安時代

下の図は平安時代末ごろの絵巻物をふたつならべてくらべてみたものだ。庶民のくらし（『信貴山縁起』より）と貴族のくらし（『餓鬼草紙』より）のちがいがよくわかる。平安時代には漢字をもとに「ひらがな」が生まれ、貴族のあいだにかな文字が広まり、和歌や紫式部の『源氏物語』、清少納言の『枕草子』などの作品が生まれた。

はなやかな国風文化がさかえたいっぽうで、平安時代は地球規模では温暖化していた時期だった。そのため、異常気象による台風や大雨、日照りが多かったことが、古文書などの記録からわかっている。現代のように下水道がきちんと整備されていなかったため、大雨が降ると赤痢などの感染症がたびたび流行し、多くの人が亡くなった。

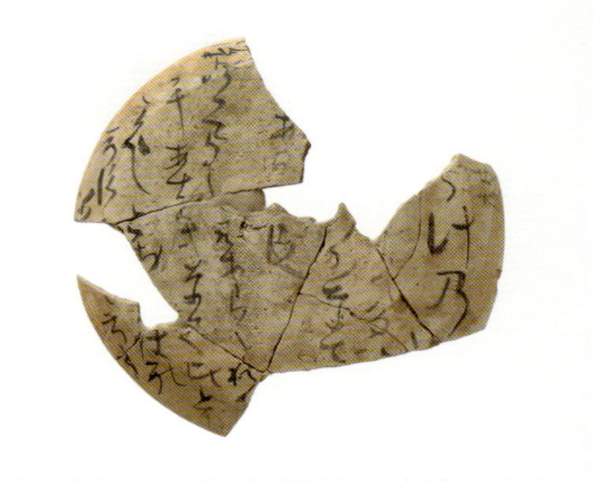

平安時代初期の貴族・藤原良相の邸宅跡から発見された「ひらがな」が書かれた土器。貴族社会への「ひらがな」の広まりをしめす貴重な遺物だ

写真提供：（公財）京都市埋蔵文化財研究所

平安時代末期の絵巻『信貴山縁起』（鳥羽僧正覚猷画）模本『志貴山縁起』（江戸時代）の一部分

出典：国立国会図書館デジタルコレクション

平安時代末期の絵巻『餓鬼草紙』の一部分　写真提供：ColBase (https://colbase.nich.go.jp/)

占いにたよった平安貴族

異常気象や疫病になやまされた平安時代、人びとは悪いものをはらうための祈とうやまじないを信じるようになった。異常気象が起こったり疫病がはやったりするのは「神仏のたたり」だと考えたためだ。祈とうやまじないをおこなったのは陰陽師という役人で、「今日はこちらの方角はよくない」「天体に異常があったから悪いことが起こる」などとしるした暦をつくるのも仕事だった。貴族たちは、こまったことがあると陰陽師に占ってもらい、吉凶が書かれた暦を見てその日の行動を決め、なにをするにも占いにたよることが多かった。

平安時代の遺跡からは、祈とうやまじないに使われた「土馬」や「人面墨書土器」、「人形代」が見つかっている。また、悪いことが起きないように一定期間外出などをひかえる「物忌み」や、目的地の方角が悪いと前日にべつのところに泊まってから目的地に出かける「方違え」の習慣もあった。

「物忌み」をしていることを家の外の人に知らせるために使われた木札

写真提供：（公財）京都市埋蔵文化財研究所

身についてしまった「けがれ」をはらう儀式は、無病息災を願う「夏越の祓」や「年越の祓」として、いまでも神社でおこなわれているよ

鎌倉時代制作の絵巻『不動利益縁起絵巻』にえがかれた祈とうをする陰陽師・安倍晴明

写真提供：ColBase（https://colbase.nich.go.jp/）

まじないに使われたミニチュア土器（左）、人面墨書土器（中央）、土馬（右）　写真提供：（公財）京都市埋蔵文化財研究所

※絵巻物の画像は一部を切り抜いて掲載しています

鎌倉・室町時代の人びとのすがた

鎌倉時代の武士のすがた。関東の武士の兄弟の物語『男衾三郎絵巻』の一場面　写真提供：ColBase（https://colbase.nich.go.jp/）

「出っ歯」が多い中世の人びと

奈良時代や平安時代の人びとの骨は現在のところほとんど見つかっていない。数少ない例として、1964年に山形県の飛島で見つかった平安時代の男女の頭骨がある。男性は縄文人、女性は古墳時代の人の特徴をもっていた。中世（鎌倉時代〜室町時代）の人びとの骨は、鎌倉時代の人骨が神奈川県鎌倉市の材木座遺跡などから、室町時代の人骨が東京都中央区の鍛冶橋の工事現場などからそれぞれ見つかっている。なかでも材木座遺跡からは、910体以上の人骨が発見された。若い男性のものがほとんどで、老人や女性や子どもの骨は少なかった。頭骨だけのものや、頭骨に刀で切りつけられた傷が多いことから、新田義貞の鎌倉攻めで亡くなった武士のものだろうと考えられている。

中世の人骨の頭骨の特徴は、頭が前後に長い「長頭型」で、「出っ歯」の人が多いことだ。出っ歯は、中世から明治時代ごろまで、日本人の顔によく見られる特徴のひとつとされていて、平安時代以降、庶民のあいだでもはしを使って食事をすることが広まり、前歯でかみ切ることがへったのが原因のひとつではないかと考えられている。

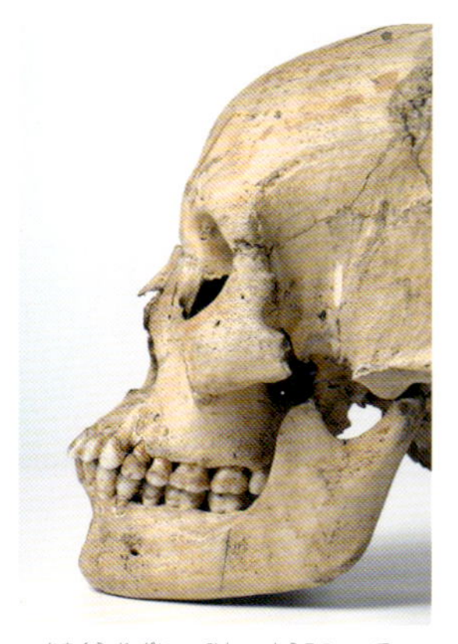

鎌倉時代の人の頭骨。出っ歯になっているようすがよくわかる
写真提供：東京大学総合研究博物館

※絵巻物の画像は一部を切り抜いて掲載しています

古墳時代より低い身長

鎌倉時代や室町時代の人びとの身長は、どのくらいだったのだろうか。縄文人の平均身長は、男性158センチメートル、女性149センチメートル。西日本の渡来系弥生人の平均身長は、男性163センチメートル、女性151センチメートルだ。古墳時代の人びとの平均身長もそれまでとほぼ同じだが、鎌倉時代になると平均身長は低くなり、男性159センチメートル、女性145センチメートルになった。

平均身長は、古墳時代以降、江戸時代まで時代がすすむにつれて下がっていき、江戸時代がもっとも低くなる。江戸時代前期には男性155センチメートル、女性143センチメートルだった。江戸時代後期からは、ふたたび少しずつ平均身長がのびはじめる。古墳時代以降江戸時代前期まで身長が低くなっていった原因は、まだよくわかっていない。

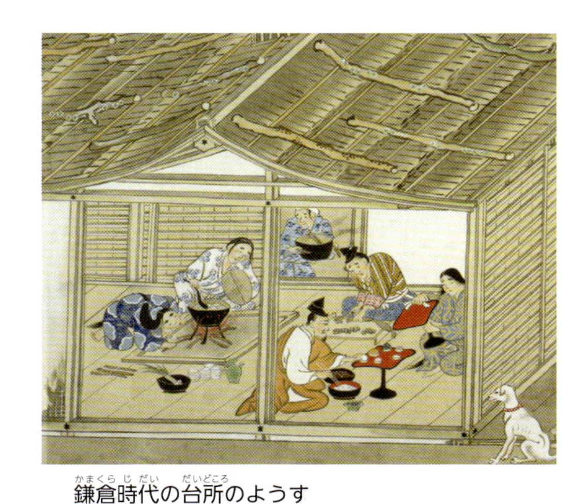

鎌倉時代の台所のようす

出典：国立国会図書館デジタルコレクション『春日権現験記』第13軸（板橋貫雄模写、1870年）

アジアの大陸内では、北の地域ほど高身長の人が多い。理由のひとつに、体が大きいと生みだせる熱量が多くなり、熱がにげにくいということがある*。身長の高い渡来系弥生人の祖先は、寒さに適応した北方アジア人の可能性が高いんだって

鎌倉時代の下級武士のすがた

出典：国立国会図書館デジタルコレクション『春日権現験記』第13軸（板橋貫雄模写、1870年）

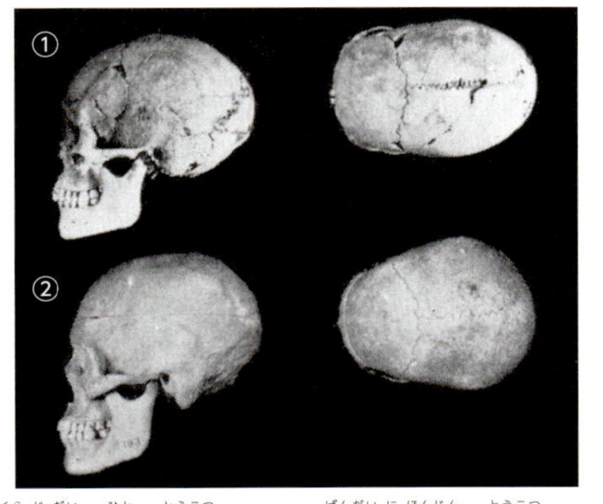

鎌倉時代の人の頭骨（①）と現代日本人の頭骨（②）。鎌倉時代の骨は長いだ円形をしているのがわかる

写真提供：東京大学総合研究博物館

時代によって頭の形がちがう

頭の骨を真上から見たとき、前後に長いだ円形をしているものを「長頭」、短いものを「短頭」という。頭の形は、同じ集団（同じ地域に住む人びと）でも数十年から数百年のあいだに形が変化することがあり、ヨーロッパやアジアでもこの現象が起こっている。

日本では、古墳時代から中世にかけてだんだん頭の形が「長頭」になり、中世から現代にかけては逆にだんだん「短頭」になっていく。どうしてこのような変化が起こるのか、原因はよくわかっていない。

*たとえば身長が1.2倍になると、体積が1.728倍（1.2×1.2×1.2）になるのにくらべ、表面積は1.44倍（1.2×1.2）にしかならないので、体が大きいほうが、熱がにげにくく寒さに適応した体だといえる

絵巻物で見る人びとのすがた

ドラマや映画などの時代劇には、むかしの人びとのくらしや習慣が登場する。そのようすは、時代によって少しずつちがっている。平安時代や鎌倉・室町時代の絵巻物のなかから、人びとのくらしぶりを見てみよう。

お歯黒

古代〜明治時代初期

歯を黒く染めることを「お歯黒」という。古代に起こり、平安時代中期には上流貴族のあいだで流行して男性も黒くしていた。のちに庶民にも広まり、室町時代には女子の成年のしるしとして黒くした。江戸時代以降は結婚した女性すべてが歯を黒くした

平安時代末期の絵巻『信貴山縁起』（鳥羽僧正覚猷画）模本『志貴山縁起』（江戸時代）の一部分　出典：国立国会図書館デジタルコレクション

室町時代には、女の子は９歳のころに、成人のしるしとしてお歯黒にしたんだって！

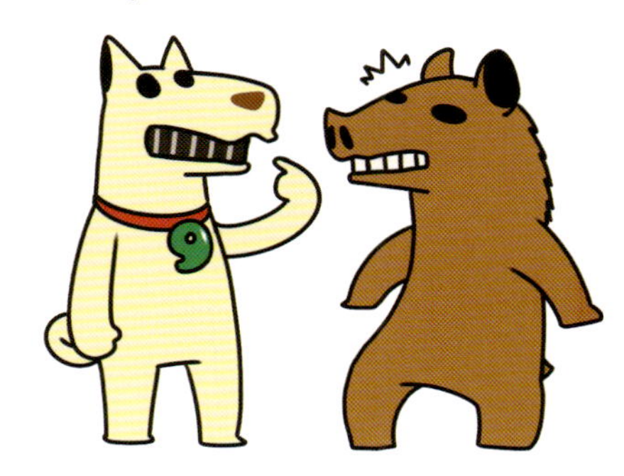

もろはだをぬぐ

平安？〜明治時代末期

着物の上半身を全部ぬぐことを「もろはだをぬぐ」といい、作業をするのにそでがじゃまにならないようにぬいだ。むかし、庶民は男も女も作業をするときに、はだかになることをためらわなかった。多くの人がはだかになるのをはずかしいと思うようになったのは明治以降のことだ

鎌倉時代の絵巻『春日権現験記』第１軸模本（板橋貫雄模写、1870年）の一部分　出典：国立国会図書館デジタルコレクション

地面にすわる

古代〜

地面の上にそのまますわるのは、むかしはふつうのことだった。すわったまま頭を下げて礼をするのを座礼という。地面にひざまずき頭をつけるようにして礼をする「土下座」は、かつては身分の高い人に対しておこなわれた。謝罪やお願いの表現になったのは、大正〜昭和時代初期ごろからだ

鎌倉時代の絵巻『直幹申文絵詞』（土佐光顕画ほか）模本（源朝臣武智良模写、1857年）の一部分

出典：国立国会図書館デジタルコレクション

頭にのせて運ぶ

古代～昭和時代初期

女性がものを運ぶ方法として、頭の上にのせて運ぶことは古代から中世までよくおこなわれた。四国や西日本の海岸ぞいの地域では「いただきさん」、京都では「大原女」として現代までのこったが、ほかの地域では江戸時代ごろまでにおこなわれなくなった

鎌倉時代の絵巻『一遍聖絵』第4（聖戒記ほか）模本（鈴木久治模写、1913年）の一部分　出典：国立国会図書館デジタルコレクション

足ぶみあらい

古代～江戸時代

ふだん着る着物のせんたくは、足でふんであらう「足ぶみあらい」が一般的だった。これは着物の素材が、麻などのごわごわしたものが多く、手ではよごれが落ちにくかったためと考えられている。江戸時代に入って木綿が多く使われだすと、手でもんであらうことが多くなっていった

平安時代の絵巻『扇面法華経冊子』模本（明治時代）の一部分

写真提供：ColBase（https://colbase.nich.go.jp/）

顔をかくす

平安～江戸時代

平安時代以降、身分の高い貴族の女性は、外出するときに顔を見られないように衣被（着物をかぶること、図版右）をしたり、市女笠をかぶったりした（図版左）。家族以外の男性に顔を見られることは、はだかを見られることよりもはずかしいことだと考えられていた

鎌倉時代の絵巻『春日権現験記』第9軸模本（板橋貫雄模写、1870年）の一部分　出典：国立国会図書館デジタルコレクション

頭をそる

鎌倉～江戸時代

むかし男性は髪をまとめてかんむりや烏帽子をかぶった。髪をまとめたのがまげのはじまりだ。鎌倉時代以降、武士の世の中になると、頭のてっぺんの髪をぬいたりそったりして髪をうしろでまとめた。江戸時代には庶民にも広まり、まとめた髪を前におって頭の上におくちょんまげになった

室町時代の絵巻『慕帰絵詞』（慈俊撰）模本『慕帰絵々詞』巻7（鈴木空如、松浦翠苑模写、大正時代）の一部分

出典：国立国会図書館デジタルコレクション

※絵巻物の画像は一部を切り抜いて掲載しています

戦国・安土桃山時代にやってきたもの

西洋の国ぐにとの交流

1543年に種子島に鉄砲が伝わってから、ポルトガルやスペインの商人たちの船（南蛮船）が鹿児島（鹿児島県）、長崎・平戸（長崎県）、府内（大分県）など九州の港をおとずれ、貿易がはじまった。おもに中国産の生糸（絹糸）、絹織物、毛織物が取り引きされたが、鉄砲や火薬、東南アジアの香料、革製品、砂糖、パン、タバコ、ワイン、石けん、めがね、ガラス、時計など、いろいろなものが入ってきた。

1549年にはスペインの宣教師フランシスコ・ザビエルがキリスト教を伝え、つづいておとずれた宣教師たちによって、九州を中心にキリスト教が広まった。さらに医学や天文学、音楽、西洋絵画、科学、地理などの新しい学問も伝えられ、その後の日本の文化に大きな影響をあたえた。

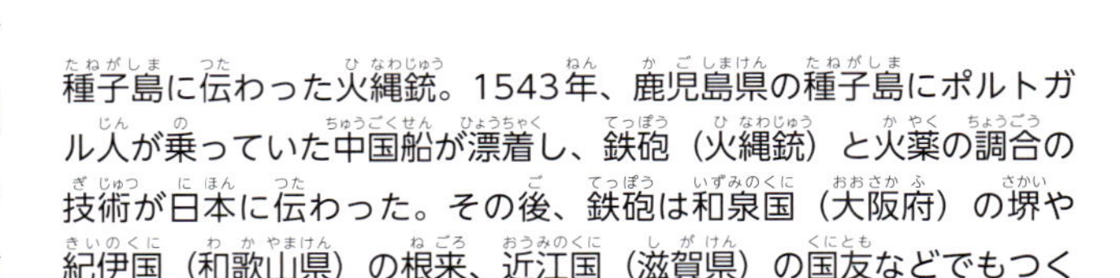

種子島に伝わった火縄銃。1543年、鹿児島県の種子島にポルトガル人が乗っていた中国船が漂着し、鉄砲（火縄銃）と火薬の調合の技術が日本に伝わった。その後、鉄砲は和泉国（大阪府）の堺や紀伊国（和歌山県）の根来、近江国（滋賀県）の国友などでもつくられるようになり、合戦の戦いかたを大きく変えた

所蔵：種子島時邦

南蛮屏風（狩野内膳筆、神戸市立博物館蔵）。港を出港する船と見送る人びと（写真上）、船が到着して出迎える人びと（写真下）がえがかれている。ポルトガル人が身につけていたマントやチョッキ、幅の広いふくらんだズボンは、日本でも流行のファッションとしてもてはやされた

Photo : Kobe City Museum / DNPartcom

船に乗ってやってきた野菜

カボチャ、ジャガイモ、キャベツなど、現代の日本でふだんよく食べられている野菜のなかには、南蛮貿易やそれ以降のオランダとの貿易によってやってきたものも多い。

カボチャは、1541年に九州に漂着したポルトガル船によって豊後国（大分県）の大友宗麟に献上されたのが最初といわれる。カンボジアからやってきたものだったので、カンボジアがなまって「カボチャ」とよばれるようになったとされる。中国地方の方言では「ぼーふら」「ぼーぶら」とよばれることがあり、これはポルトガル語の「アボーボラ」に由来する。ジャガイモは、17世紀にオランダ船によって東南アジアのジャカルタからやってきた。当時は「ジャガタライモ」ともよばれていたが、だんだん変化して「ジャガイモ」といわれるようになった。キャベツ（玉菜）やトマト（唐なすび）は、もともと観賞用の植物として江戸時代にもちこまれたものが、明治時代になって食べられるようになった。

江戸時代初期にかかれたトマトの絵。当時は観賞用で「唐なすび」とよばれていた。狩野探幽筆「草花写生図」より

画像提供：ColBase（https://colbase.nich.go.jp/）

砂糖は長崎から各地に流通したから、あまさがたりないことを九州の古い方言では「砂糖屋が遠い」「長崎が遠い」っていったんだって。おもしろいね

あまいお菓子もやってきた

ポルトガルとの貿易によっていろいろなものが日本にやってきた。ポルトガルの食文化もそのひとつで、パンやカステラ、ボーロ、カルメラ、ビスケット、金平糖なども日本に入ってきた。金平糖はポルトガルのお菓子「コンフェイト」がもとになったもので、宣教師から贈られた織田信長がとてもよろこんで食べたという話が伝わっている。

江戸時代になると、長崎では白砂糖がオランダ商人や中国商人からたくさん輸入されるようになった。白砂糖は長崎から江戸や大阪へ、そして全国へと運ばれた。長崎には砂糖が豊富にあったので、カステラづくりが発展した。砂糖が本州へと運ばれる長崎街道ぞいの佐賀や福岡でも、「まるぼうろ」などポルトガルのお菓子がもとになった郷土のお菓子がつくられるようになっていった。

カステラ

カスドース：カステラに卵の黄身をからめてにたてた糖蜜で揚げて砂糖をまぶしたもの

写真提供：湖月堂老舗

奈良こんふぇいと：織田信長が食べた金平糖と同じつくりかたでつくられた金平糖

写真提供：砂糖傳増尾商店

※画像は一部を切り抜いて掲載しています

戦国時代の武士の食べもの

1日2食から3食に変わる

1日の食事が3食になったのは江戸時代からだが、そのはじまりは戦国時代だといわれる。合戦で体を動かすと腹がへるので、昼食をとるようになり、江戸時代に入って3食食べることがふつうになった。戦国時代の武士や農民たちがふだん食べていたのは赤米や玄米で、麦や粟などの雑穀をまぜたかゆや雑炊にして食べた。大名でもふだんの食事は質素で、少しの米にみそや、あれば青菜や豆などを入れてにて食べた。ただし合戦になると、戦いにそなえてたくさん食べ、家臣や勝つためにやとった足軽（歩兵）たちにも、ふだんは食べられない米や魚などの料理をごちそうした。

大名たちは陣中食（戦いのとちゅうで食べる食料）が重要だと考えていた。合戦にそなえ、自分の領地でとれるものを使っていろいろと開発した。武田信玄がおさめた甲斐国（山梨県）では米があまりとれなかったので、小麦粉を使った「ほうとう」を陣中食としてとりいれた。伊達政宗は「仙台味噌」を考案している。毛利元就はもちを陣中食として兵たちにすすめている。

武士たちが出陣式で食べたもの。合戦に出陣するときに「打ち鮑（アワビをうすくはがして干してのばしたもの）」、「勝ち栗（生のクリを干して皮をむいたもの）」、「昆布」を食べて出陣式をおこなった。これは「敵をうって、勝って、よろこぶ」という縁起をかついだものだ　写真提供：兵吉屋

「長篠合戦図」の一部分。1575年に織田信長・徳川家康連合軍と武田勝頼軍が長篠・設楽原（愛知県）で戦った「長篠の戦い」をえがいたもの　写真提供：犬山城白帝文庫

武士たちが食べた陣中食

戦国時代の合戦では戦国大名たちも戦ったが、何万という軍勢の多くは、足軽たちだ。合戦にくわわるときは、3日分ほどの食料（米、みそ、塩、水）をそれぞれが用意した。米は、玄米より炊く時間が短くてすむため、白米やもち米をもちあるいた。なべがないときは、水にひたした米を布につつんで土のなかに埋め、その上でたき火をして蒸し焼きにするなどの方法をとった。なべの代わりに陣笠を使ったという説もある。戦いが長びいた場合は、大名たちから支給があった。もちあるきやすく、くさらず長もちするように、さまざまな陣中食が工夫された。

陣笠
うすい鉄などでつくられた笠で、かぶとの代わりにかぶった

打飼袋
米などをつつんで、首からさげたり腰に結んだりして、身につけて運んだ

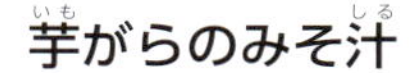

芋がらのみそ汁
芋がら（里芋のくきを乾燥させたもの）をみそでにて味をつけ、それを干して縄にした。この縄で荷物をしばってもちあるき、食糧がなくなったら、なべに入れてにて、即席のみそ汁にした

芋がら

ほし飯
玄米を炊いたごはんや、もち米を蒸したものを天日で乾燥させ、臼でついて細かくしたもの。これを打飼袋に入れてもちあるいた。乾燥させてあるので軽く、何年も保存できた

兵糧丸
上杉謙信は「避穀丸」と名づけて、麻の実を粉にしたもの、黒豆のきな粉、そば粉をまぜて酒で練って丸め、乾燥させたものを考案した。各武将によっていろいろなつくりかたがあった

そのほかの陣中食
干し納豆、干し葉（大根の葉を乾燥させたもの）、梅干し、干しわらびなども陣中食としてもちあるいた

干し納豆

梅干し

塩も大切な食料のひとつで、岩みたいに焼きかためたものをもちあるいたんだって。出陣式で食べた「勝ち栗」や「打ち鮑」、「昆布」も陣中食としてもちあるいたよ

江戸時代の人びとのくらし

『熈代勝覧』1805年（上下ともに部分）

出典：Staatliche Museen zu Berlin, Museum für Asiatische Kunst（ベルリン国立アジア美術館蔵）／ Jürgen Liepe CC BY-SA 4.0 画像（https://id.smb.museum/object/755958/）を加工して作成

江戸の町のにぎわい

左の図は19世紀前半の日本橋のにぎわいのようすをえがいたものだ。当時の江戸の町*は100万人もの人びとが住む世界的に見ても大きな都市だった。武士の生活をささえるため、たくさんの町人（商人や職人）とその家族が住んでいた。表通りには商店がならび、多くの人びとが行き来している。路地に入ると、奥に平屋建ての細長い裏長屋がつづき、職人や行商人などさまざまな人びとがくらしていた。どのような店があり、どのような人たちがいたのか、見てみよう。

㋐呉服商越後屋（現在の三越百貨店）　㋑かまどを運ぶ人　㋒菜売りの行商　㋓菓子の立ち売り　㋔箍屋（桶などをなおす職人）　㋕上水用の井戸　㋖書物問屋 須原屋：杉田玄白の『解体新書』を出版した店　㋗雛店（現在の東京都中央区日本橋室町の通りでは、3月と5月の節句にあわせて人形を売る出店が10軒ならび、人形市が開かれてにぎわった）　㋘江戸患いの台車。脚気で歩けなくなった病人と思われる　㋙武家駕籠の一行　㋚二八そば三河屋　㋛花売り　㋜引っ越しをする男　㋝結納のタイを運ぶ人　㋞あんま（マッサージをする人）

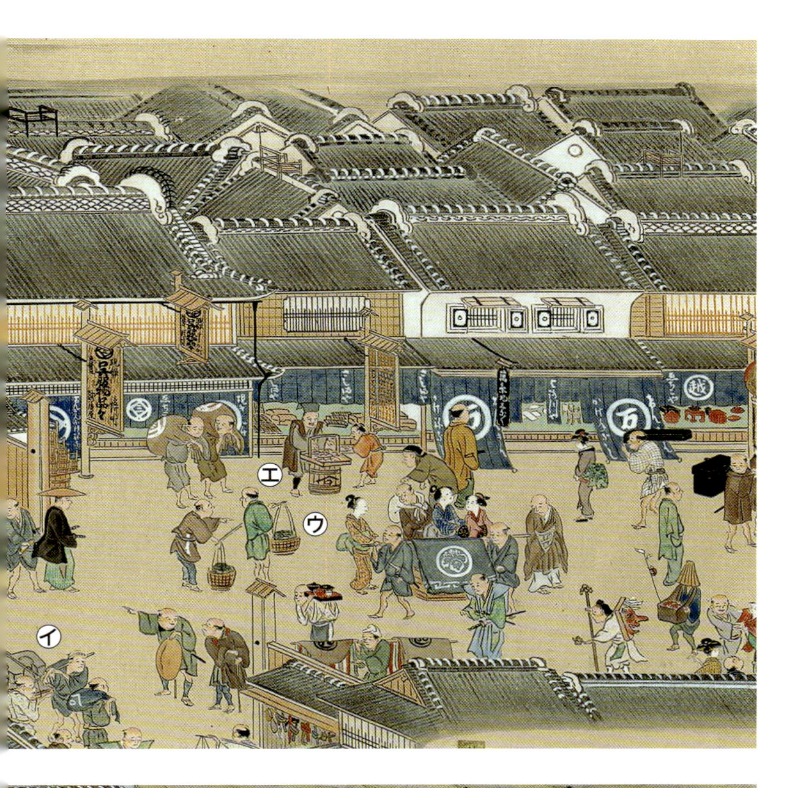

上の絵はいまの東京、日本橋の三越百貨店のあたり、下の絵はいまの日本橋室町あたりのようすだよ。いろいろな人がいるね

＊江戸の町：1818年に江戸幕府がしめした地図によると、江戸の範囲は、現在の千代田区・中央区・港区・新宿区・文京区・台東区・墨田区・江東区・品川区の一部・目黒区の一部・渋谷区・豊島区・北区の一部・板橋区の一部・練馬区の一部・荒川区にあたる（参考：東京都公文書館ウェブサイト　https://www.soumu.metro.tokyo.lg.jp/01soumu/archives/0712edo_hanni.htm）

江戸時代の住居と道具

町人の長屋

江戸の町人の多くは、裏長屋という表通りから入った路地裏にたてられた平屋の集合住宅でくらしていた。これは一棟の家をいくつかに区切ったもので、となりとはうすい壁１枚で仕切られているだけだった。広さは九尺二間（約2.7メートル×3.6メートル）で、６畳ほどの広さの部屋と台所だけというせまいところに一家でくらした。

長屋には職人、大工、行商人、剣術や三味線の先生、町医者などさまざまな人たちが、大家から部屋を借りて住んでいた。井戸や厠（トイレ）、ごみすて場などは、住人が共同で使った。台所から出た排水は家の前の路地に掘られたどぶに流し、その上にどぶ板がしいてあった。厠はくみとり式で、近くの農家が肥やしにするため買いにきた。

江戸の町は４分の３ほどが武士の住む武家地、のこりの４分の１が町人の住む町人地だった。せまい町人地に江戸の人口の約半分をしめる町人があつまって住んでいたから、広い家をもつ人は少なかったよ

向かい合わせにつらなった長屋。路地のまんなかにどぶ板がならんでいる　写真提供：江東区深川江戸資料館

長屋のようすをえがいた浮世絵。長屋の前で初鰹売りが鰹をさばいている。「卯の花月」歌川豊国（３代）

画像提供：東京都立中央図書館

木挽き職人の部屋の内部

①たたみをしいた床。むしろをしくこともあった　②長火鉢で湯をわかすなどして体をあたためた　③茶簞笥　④行灯　⑤枕屏風のうらに布団をしまった　⑥神棚　⑦大工道具（大鋸）　⑧衣類は古着が多く、壁にかけていた　⑨流し　⑩菅笠（雨具）　⑪みの（雨具）　⑫水がめ　⑬たらい　⑭釜　⑮へっつい（かまど）　⑯すり鉢　写真提供：江東区深川江戸資料館

江戸の上水道

江戸の町は、現在の東京湾ぞいの湿地帯を埋めたててつくられた町だったため、井戸を掘っても塩水のまじった水しか出なかった。そのため、神田川や多摩川（玉川）から川の水をひいて、神田上水や玉川上水、青山上水、千川上水などの上水道を通して江戸中に水を配水していた。上水は土地の高低差をうまく利用してつくられており、川の水は木製の樋を通って表通りや裏長屋にある井戸の底まで送られるようになっていた。人びとは長い柄のついたひしゃくで井戸から水をくみあげた。くみあげた水は、飲み水や炊事などのために部屋のなかの水がめにためておいた。井戸端で料理の材料をあらったり洗濯をしたりすることもあり、井戸のまわりは長屋の住人があつまって「井戸端会議」をする場所にもなった。

長屋の井戸。長いひしゃくで水をくんだ

写真提供：江東区深川江戸資料館

江戸時代の人びとの食べもの

江戸でいちばんのぜいたくなにぎりずしといわれた松ヶ鮨がえがかれた浮世絵「縞揃女弁慶　安宅の松」

画像提供：東京都立中央図書館

外食の文化のはじまり

江戸時代には、新田開発や新しい農業技術が広まったことで米や野菜、果物の生産量がふえ、漁業技術も発達したのでさまざまな魚介類がとれるようになった。さらに交通網が整備されて各地から江戸、大阪、京都などの大都市に食料が流通するようになり、料理が発展した。なかでも江戸は武士や商家の奉公人など独身の男性が多く、明暦の大火（1657年）のあとに復興工事のために大工が全国からやってきてからは、外で手軽に食事ができる屋台や振り売り*がふえた。やがて高級な料理屋もできはじめた。

しょうゆやみりんなどの調味料が広く使われるようになったので、江戸の町にはそばやてんぷらなどの屋台が多くなり、一時は火災防止のために火をもちあるく商売が禁止されるほどだった。江戸時代後期にはにぎりずしも登場し、よく食べられるようになった。下の図「東都名所高輪廿六夜待遊興之図」は、おがむと幸運にめぐまれると信じられた旧暦７月26日の夜の月を見るために高輪（現在の東京都港区）にあつまった人びとのようすがえがかれている。人びとが屋台の料理を楽しみながら月がのぼるのを待っているようすがよくわかる。

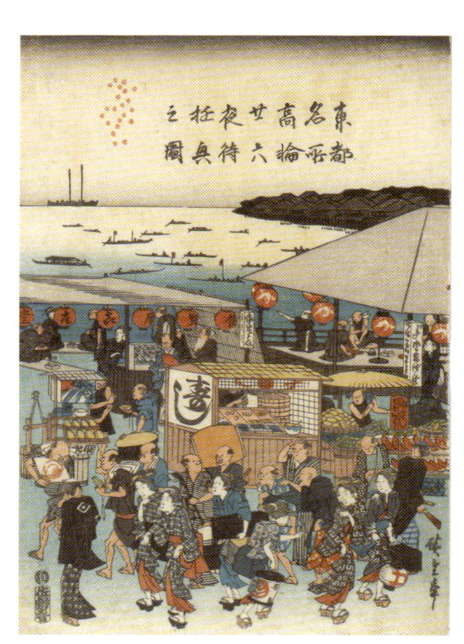

「東都名所高輪廿六夜待遊興之図」。おしるこ、だんご、二八そば、てんぷら、焼きいか、にぎりずしなど、いろいろな屋台が出ているのがわかる　所蔵：山口県立萩美術館・浦上記念館

＊振り売り：商品をかついで、その品の名を大声でいいながら売りあるく商売や人

江戸時代の子どもたちのおやつ

江戸時代の初期のころは、まだ中国などから輸入していた白砂糖がとても貴重で、庶民は白砂糖を使ったお菓子を食べていなかった。まんじゅうもあずきのあんに塩をくわえてほんのりとあまくした塩まんじゅうで、砂糖は使われていない。江戸時代のなかごろになって砂糖が日本でもつくられるようになると、あまいあんこの入ったまんじゅうや大福もち、ようかんなどの白砂糖を使ったお菓子が登場した。

ただし、庶民や子どもたちがおやつとしておもに食べたのは、麦、ひえ、粟、豆類、くず米などを材料に黒砂糖や水あめで味をつけた駄菓子だった。おもな駄菓子として、麦こがし、おこし、豆板、べっこうあめ、塩せんべい、かるめ焼きなどがある。駄菓子は町の入り口にあった木戸番屋で売られたり、振り売りや立ち売りで売られたりした。駄菓子のほかには、だんご、あめ、おしるこ、焼きいもなどや、粟もち、かしわもち、わらびもちなどのもち菓子もよく食べられた。

江戸時代の時間表記「八つどき（午後2時～4時ごろ）」に食べた軽食のことを「おやつ」といい、これが「3時の“おやつ”」の語源なんだって

明治時代なかごろのアメリカ人画家ロバート・フレデリック・ブラムの作品「あめ屋」（1893年）。あめ細工は、江戸時代にも子どもたちを夢中にさせた

画像提供：The Metropolitan Museum of Art

「十二月之内　師走餅つき（部分）」（歌川豊国（3代）画）。江戸時代は、端午の節句にかしわもちをつくって配る習慣があった。武家や裕福な商家などでは、年の暮れに家でもちつきをした

画像提供：国立国会図書館デジタルコレクション

「十二月の内　小春初雪（部分）」（歌川豊国（3代）画）。役人で学者だった青木昆陽が江戸時代中期にサツマイモの栽培に成功。荒れた土地でも収穫できる飢饉のときの非常食用の作物として全国で栽培が広まり、焼きいもはあまいおやつとして人気となった。絵は陰暦10月（陽暦11月～12月）ごろ、焼きいもを売っている出店に女性が買いにきているところと思われる

画像提供：国立国会図書館デジタルコレクション

江戸時代の人びとの楽しみ

歌舞伎の芝居小屋がにぎわっているようすをえがいた「大芝居繁栄之図」（歌川豊国（3代）画、安政6（1859）年）

画像提供：東京都立中央図書館

東洲斎写楽による「三代目大谷鬼次の奴江戸兵衛」。人気の役者の上半身を大きく、表情を大げさにえがいた大首絵

画像提供：The Metropolitan Museum of Art

いちばんの楽しみは芝居や歌舞伎

江戸時代も元禄（1688年～1704年）のころになると、商業や農業が発達して元禄文化がさかえ、町人のあいだで学問や娯楽、演芸などを楽しむ人びとが出てきた。江戸時代のいちばんの娯楽といえば芝居見物だ。なかでも歌舞伎は、上方（大阪・京都）では坂田藤十郎、江戸では市川団十郎という２大スターが登場して大人気となった。芝居小屋には武士や裕福な商人から庶民までさまざまな人びとがあつまって、物語の世界や派手な演出を楽しんだ。上の図の浮世絵は、たくさんの観客があつまった芝居小屋のようすをえがいている。芝居小屋では食事も出され、朝から夕方まで一日中いることができた。

歌舞伎とならんで人気だったのは人形浄瑠璃で、近松門左衛門が書いた義理人情をテーマにした『曽根崎心中』などの作品が評判をよんだ。おとなの楽しみとしては、このほかに落語や大相撲なども人気があった。

江戸時代には浮世絵や絵草紙や読本などの印刷文化が発達し、町人も絵を手に入れたり本を読んだりするようになった。歌舞伎役者や美人画の浮世絵が人気をあつめ、井原西鶴や滝沢馬琴らの作品*がよく読まれた。

＊井原西鶴の作品には『好色一代男』、『好色五人女』、『世間胸算用』、滝沢馬琴の作品には『南総里見八犬伝』などがある

子どもたちのあそび

江戸時代の子どものあそびとしては、外あそびに、男の子ではたこあげやこままわしなど、女の子では羽根つきやまりつき、かごめかごめなどがあった。室内あそびでは、女の子はままごとやお人形あそび、おはじき、カルタ、お手玉などを楽しんだ。また、男の子も女の子も楽しんだ紙のおもちゃに「おもちゃ絵」とよばれる錦絵（版画）があり、切りぬいたり、組みたてたりしてあそんだ。

おもちゃ絵には、豆本、芝居の名場面を組みたててあそぶ組上絵、人形細工、判じ物（なぞなぞ絵解き）、すごろくなどいろいろな種類のものがあった。すごろくは、子どもだけでなくおとなも楽しめるあそびとしてとても人気があり、「名所すごろく」や「東海道五十三次すごろく」をはじめ、人気の歌舞伎役者がせいぞろいしたすごろくなど、いろいろなものがつくられた。

このほかのあそびとしては折り紙なども人気があった。1枚の紙で2羽から100羽近くまでつなげて折り鶴をつくる「連鶴」のつくりかたを説明した本も出された。

子どものおもちゃにも登場するくらい、歌舞伎役者は人気者だったんだね

「新板鬘尽くし」（歌川芳藤画）。おもちゃ絵の人形細工のなかでも人気のあった「かつらつけ」。歌舞伎の人気役者・八代目市川団十郎がモデルで、演じた役ごとのかつらをつけかえてあそべるようになっている
画像提供：東京都立中央図書館

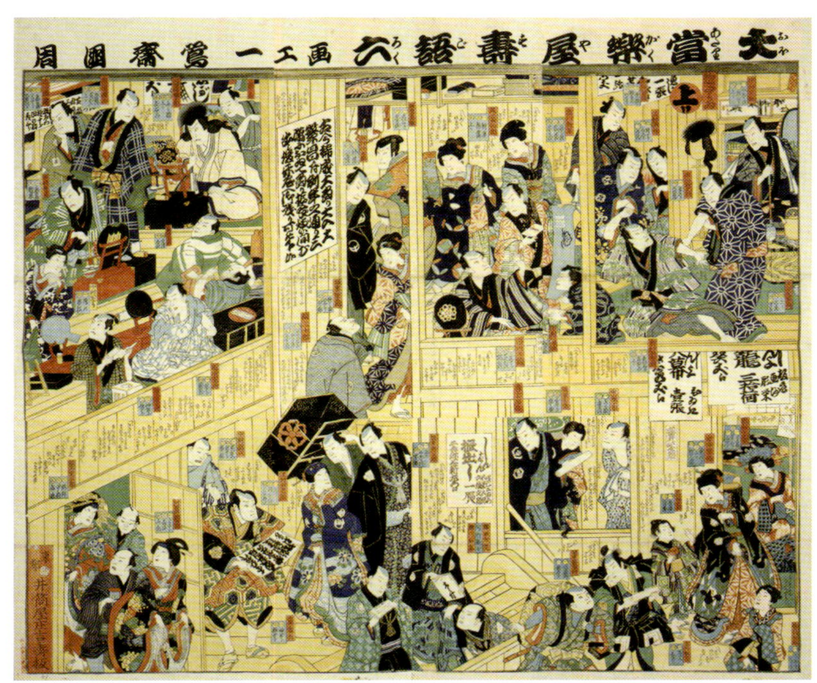

「大当楽屋寿語六」（豊原国周画）。当時の有名な歌舞伎役者の楽屋でのようすを、役者の格付けごとに配置して「すごろく」にしている　画像提供：東京都立中央図書館

「新板かつて道具尽」（芳虎画）。当時の家庭で使われた道具をならべたもの
画像提供：国立国会図書館デジタルコレクション

江戸時代の人びとのすがた

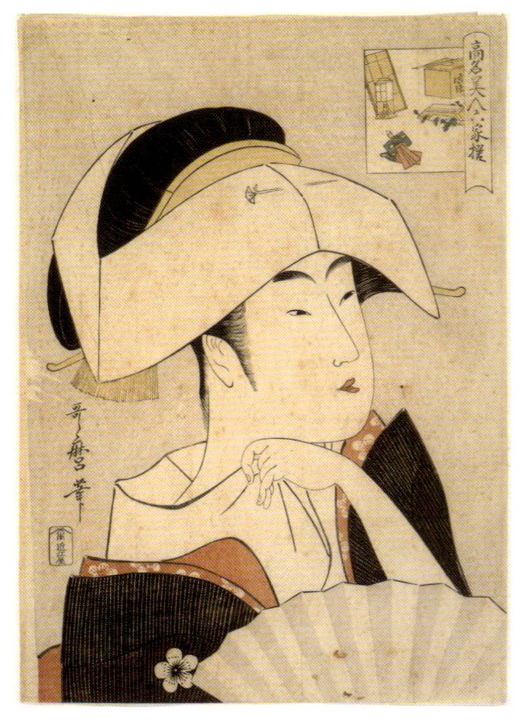

喜多川歌麿が江戸の町の美人をえがいた「高名美人六家撰・富本豊雛」（図左）と、葛飾北斎が江戸の町の人びとをえがいた「新板大道図彙・馬喰町」（図右）。江戸時代は、面長で鼻が高くあごが細い人が美人と考えられていた

画像提供：ColBase（https://colbase.nich.go.jp/）

身分によって顔つきがちがった

江戸時代の人びとの特徴は、身長が低いことと、身分によって顔つきにちがいがあることだ。平均身長は男性で約157センチメートル、女性で約145センチメートルで、日本人の歴史のなかでもっとも低い。

江戸時代の人びとの顔つきは、丸顔で鼻が低く、少し出っ歯であごがしっかりとした顔つき（中世の顔つきににたタイプ）と、面長で鼻が高く、それほど出っ歯ではなくあごが細い顔つき（現代人の顔つきににたタイプ）のふたつにわけられる。江戸時代のなかごろから、庶民には丸顔で鼻が低い人が多く、武士には面長で鼻が高い人が多いというように、身分によって顔つきのちがいがはっきりとしていった。このちがいは、あごの形のちがいによるものだ。やわらかい白米を食べることが多かった武家（武士の家系）の人びとは、あごがあまり大きくならず、小さく細くなっていった。あごの発育が悪いと、歯が重なってはえることが多くなる。江戸時代は、縄文人や中世の人びとにくらべてあごが細く、歯ならびが悪い人がふえた。

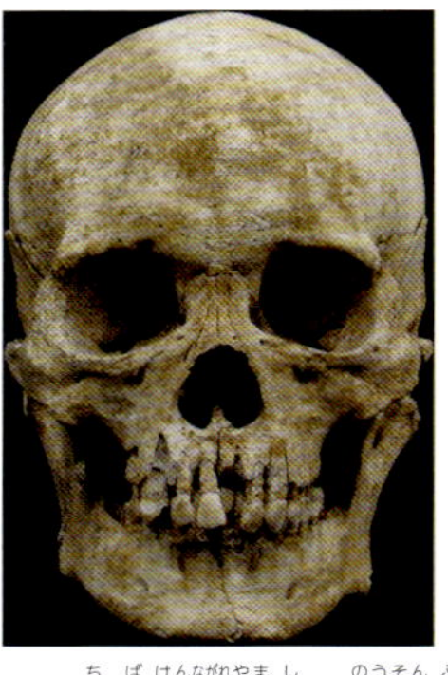

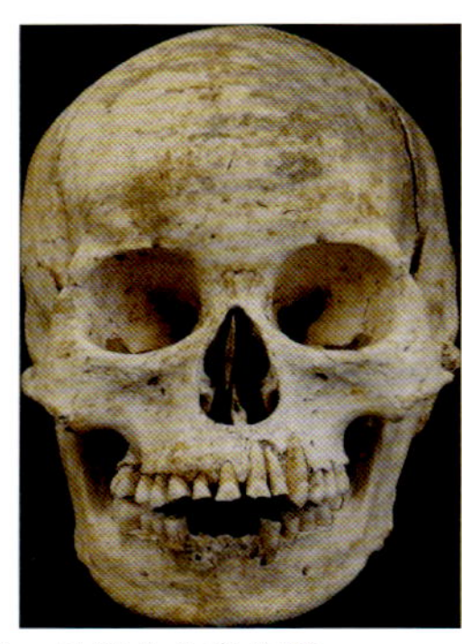

千葉県流山市の農村部、西平井根郷遺跡から出土した江戸時代の男性頭骨（写真左）と女性頭骨（写真右）。あごの骨が太くしっかりしているのがわかる

写真提供：奈良貴史（辰巳晃司撮影）

将軍さまやお殿さまの顔つき

江戸時代の武士には、面長で鼻が高く、あごが細い顔つき（現代人ににた顔つき）の人が多かったが、では、武士のなかでもいちばん位の高い将軍や大名（殿さま）はどうだったのだろうか。じつは、現代人よりもさらにあごが細い、超現代的ともいえる顔つきをしていた。つまり、頭が大きく、面長で鼻が高く、顔の幅がせまくて、とくに鼻の下からあごまでの長さが長かった。かたいものをほとんど食べないので、あごは発育が悪く小さいために歯ならびも悪くなり、出っ歯になっていく。身分が高い人ほどこういった顔つきの人が多く、皇族や公家、武家では将軍のつぎに大名の順で多かった。

身分の高い人びとにこのような超現代的な顔つきが多かったのは、やわらかいものが多い食生活と、結婚する相手に同じ身分の面長の女性をえらんでいたことが原因ではないかと考えられている。

水戸藩主徳川斉昭の十八男、徳川昭武。面長で、身分が高い人に多い顔つきをしている

出典：国立国会図書館デジタルコレクション『近世名士写真 其2』（近世名士写真頒布会）

白米ばかり食べていた江戸の武士や将軍は、ビタミンB1が不足する脚気という病気になる人が多く、この病気で死んだ将軍もいるんだって

歩きかたがいまとはちがった

江戸時代の人びとは、上半身をやや前にかたむけ、少し腰を落としてひざを曲げ、腰をひねらず、かかとをあまり上げないで、地面をこするようにして歩いていた。この歩きかたは「すり足」といって、能や日本舞踊などの歩きかたとして伝わっている。

江戸時代に旅行するときは、1日に30キロメートル以上を毎日歩いて目的地までいった。体がつかれない長く歩ける歩きかたを身につけていたから可能だったのだろう。

現代人の多くは、体をまっすぐにして、かかとから地面に着地し、つま先でけりだすようにして歩いている。バランスをとるために腰をひねるので、歩くときは手と脚の動きが左右逆になる（イラスト参照）。この歩きかたは、日本人のむかしからの歩きかたではない。明治時代に、軍隊で速く規則正しくそろって歩けるようにとりいれられた西洋人の歩きかただ。

「吉原の体」（菱川師宣筆）にえがかれた江戸時代の人の歩くすがた

画像提供：ColBase（https://colbase.nich.go.jp/）

現代人の歩きかた

※画像は一部を切り抜いて掲載しています

江戸時代の人びとの衣装

木綿の広まり

江戸時代以前、貴族など身分の高い人びとは絹、庶民は麻（大麻や苧麻）の着物を着ていた。木綿は日本ではまだ栽培されておらず、中国や朝鮮半島から輸入していてとても貴重だった。だが、戦国時代の武将たちは、こぞって木綿を輸入して使った。木綿は保温性があり、野外で着る戦衣にすればあたたかく、袴の腰ひもにすれば動きまわってもほどけにくい。火縄銃の火縄に使えば火種が長もちして消えにくいなど、とても魅力的な素材だったからだ。

戦国時代のおわりごろから江戸時代初期にかけて、愛知県の三河地方をはじめ日本各地で木綿の栽培がはじまった。木綿は麻にくらべて糸につむぎやすく（短い時間で布が織れた）、あたたかくてはだざわりがよく、染めやすいなど長所が多かった。江戸時代のなかごろには、庶民の着物や綿入れや足袋、布団など、くらしのなかで使用するいろいろな布製品の素材として広く使われるようになった。江戸の町には、日本橋の大伝馬町（現在の東京都中央区）を中心に木綿の着物や反物をあつかう問屋街が生まれ、町人たちのあいだで、しまもようや細かいもようが全体に入った小紋の着物が流行した。

木綿（和綿）の花（写真上）と実綿（写真下）。実綿から種をとりのぞいて、やわらかく綿をほぐし、糸につむいで、できた糸を織機で織って木綿布にする

写真提供：PIXTA

「白木屋」歌川国貞（初代）画。呉服（絹織物）や太物（木綿織物）の着物をあつかった白木屋呉服店の軒先をえがいた浮世絵。1830～1844年ごろ。白木屋は、越後屋（現在の三越百貨店）や大丸（現在の大丸百貨店）とならんで、江戸の三大呉服店のひとつに数えられる大きな店だった　画像提供：東京都立中央図書館

布は大切に最後まで使った

江戸時代には、木綿が着物の素材として広く使われるようになったが、東北地方は、寒くて木綿の栽培はむずかしかった。木綿糸や木綿布はとても値段が高く、庶民にはなかなか買えなかったため、大阪などから北前船で運ばれてくる木綿の古着や古い布を着物に仕立てなおして着ることがほとんどだった。やぶれてあながあけば、つぎあてをして使い、すり切れるまで大切に使った。つぎをあてても使えなくなると、ほどいてぞうきんにしたり、「裂き織り」といって細長くさいた木綿の着物と麻糸を使って新しく布を織り、仕事着や帯などに仕立てたりした。

冷害で米の凶作に苦しんでいた津軽藩（青森県）のように、藩の財政を守るため、農民の着物は麻だけで、木綿の使用を禁止するところもあった。麻はじょうぶだが、はだざわりが悪く、重ねて着てもあまりあたたかくはなかった。人びとは麻布を少しでもあたたかく長もちするように、木綿の糸をさして、布を厚くじょうぶにする「刺し子」にして着た。冬のきびしい寒さをしのぎ、着物に糸をさして長もちさせる技術は、東北地方を中心に「刺し子」の文化としていまでも受けつがれている。

青森県の裂き織りの着物

写真提供：横浜市歴史博物館（所蔵：青森市教育委員会）

青森県の刺し子の着物

写真提供：横浜市歴史博物館（所蔵：青森市教育委員会）

藍染めの古い着物のはぎれをつくろって、敷き物にしたもの。19世紀につくられた

出典：Cooper Hewitt, Smithsonian Design Museum（クーパー・ヒューイット・スミソニアン・デザインミュージアム蔵）

木綿の布の最後の最後は、燃やして灰にして、畑の肥料にしたんだよ。けむりは虫よけにもなったんだって。布ってすごいね

はにわのすけの幕末写真館

世界ではじめて写真が撮影されたのは1826年。1840年代には日本にも写真の技術が伝わり、江戸時代のおわりごろには、当時の人びとが写真にとられて、いまでも美術館などにのこっている。そのころの日本人のすがたを写真で見てみよう。

文久遣欧使節・長崎（1862年8月）
写真をとった人：フェリーチェ・ベアト
江戸幕府がヨーロッパに派遣した最初の使節団の松平康英（左）と京極高朗（右）。ヨーロッパにいくとちゅうに寄港した長崎で撮影されたものと思われる
出典：Getty Museum Collection（J・ポール・ゲティ美術館蔵）

日本人の集合写真（年代不詳）
写真をとった人：上野彦馬　所蔵：長崎大学附属図書館

当時は、ガラス湿板（ガラス板に光を感じる薬品をぬったもの）をカメラにセットし、薬品がかわく前に撮影して、まず写真原板（ネガ）をつくった。それを鶏卵紙という卵の白身をぬった紙（印画紙）に重ね、日光に当てて感光させ、写真にしあげたんだ

食事風景（1863年）
写真をとった人：フェリーチェ・ベアト　所蔵：長崎大学附属図書館

長火鉢をかこむ人びと（1865年）
写真をとった人：フェリーチェ・ベアト　所蔵：長崎大学附属図書館

農民たち（1865年）
写真をとった人：アントニウス・ボードイン
所蔵：長崎大学附属図書館

お茶をいれる女性たち（1863年）
写真をとった人：フェリーチェ・ベアト　所蔵：長崎大学附属図書館

写真をとった人

フェリーチェ・ベアト：1832年～1909年　イタリア生まれのイギリスの写真家。幕末ごろに来日し、約20年間日本に滞在して写真を撮影した

上野彦馬：1838年～1904年　幕末から明治時代にかけて活やくした日本で最初の職業カメラマン

アントニウス・ボードイン：1820年～1885年　オランダ出身の軍医。長崎養生所の教頭となり、江戸、長崎、大阪などで蘭学を教えた。写真撮影が好きで、長崎の街のようすや人びとの写真を多く撮影している

僧侶（1863年）
写真をとった人：フェリーチェ・ベアト
所蔵：長崎大学附属図書館

江戸時代の特産品と航路

北前船をえがいた絵馬。航海の安全を願って神社に奉納されたもの　写真提供：上越市教育委員会

「摂津国（兵庫県）伊丹酒造の図」

「播磨国（兵庫県）赤穂塩浜の図」

産業をささえた廻船航路

　各藩や幕府領に農家がおさめた年貢米は、すべてがその土地で消費されるわけではなかった。あまった米は大阪や江戸に船で運ばれ、商人が買いとって、お金にかえられていた。各藩は財政を豊かにするため、地元の産業の発展にも力を入れた。その土地ならではの農作物や工芸品などの特産品が数多く生まれ、海路と陸路によって大阪から江戸へ、大阪から各地へと運ばれていった。なかでも荷物を運ぶのに活やくしたのが、廻船とよばれる船だ。江戸時代には、廻船で品物を大量に運ぶ航路が全国的に整備された。

　船のおもな航路には西回り航路と東回り航路、南海路があった。西回り航路は、山形の酒田を起点に日本海沿岸の港にいくつも寄りながら大阪へといく航路で、北前船の航路でもあった。北前船は蝦夷（北海道）産の昆布やニシン、東北地方の米などを大阪へ運んだだけでなく、とちゅうで寄った各地の港でさまざまな商品を仕入れたり売ったりしながら航海をした。東回りの航路は、酒田を起点に津軽海峡をこえ、太平洋沿岸の港に寄りながら江戸へといく航路で、おもに江戸へと米が運ばれた。南海路は大阪から江戸へむかう航路で、大阪から木綿やしょうゆ、油、紙、瀬戸物、酒など、日常のくらしで使ういろいろなものが、定期的に菱垣廻船や樽廻船で江戸へと運ばれていた。

有田焼（肥前・佐賀県）

「肥前伊万里（佐賀県）陶器製造の図」

各地の特産品（一部）

昆布：松前（北海道）、津軽（青森県）
日本酒：灘（兵庫県）、伏見（京都府）、池田（大阪府）
茶：宇治（京都府）、駿河（静岡県）
綿花：三河（愛知県）、河内（大阪府）
陶器：信楽（滋賀県）、瀬戸（愛知県）、薩摩（鹿児島県）、萩（山口県）
漆器：輪島塗（石川県）、会津塗（福島県）
絹織物：丹後・丹波・西陣（京都府）、桐生・足利（群馬県・栃木県）
綿織物：三河・尾張（愛知県）、河内（大阪府）、小倉（福岡県）
和紙：土佐（高知県）、美濃（岐阜県）、越前（福井県）

日本各地にいろいろな特産物があるね。江戸時代から産業としてさかんになり、いまも地方の産業として受けつがれているものがたくさんあるよ。浮世絵は「大日本物産図会」という各地の特産物を紹介したものの一部で、江戸時代のおわりから明治時代のはじめにかけてえがかれた

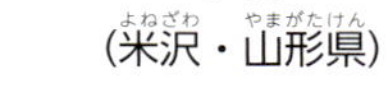
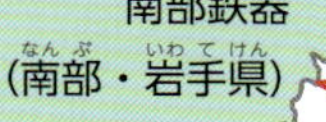

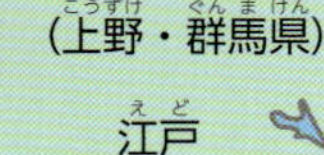
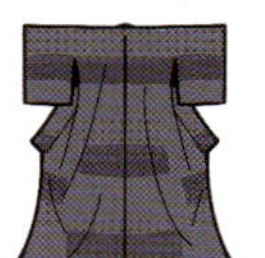

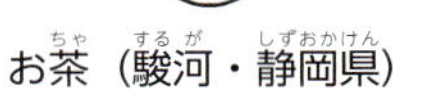
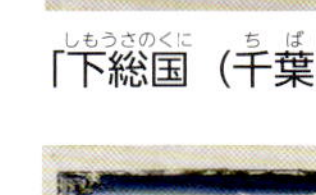

「越前国（福井県）奉書紙製造の図」

「下野国（栃木県）養蚕の図」

「下総国（千葉県）しょうゆ製造の図」

「讃岐国（香川県）白糖製造の図」

「土佐国（高知県）鰹つりの図」

「伊勢国（三重県）鮑とりの図」

画像出典（「大日本物産図会」）：船橋市西図書館

研究者にきいてみた！

むかしの人の骨を調べてわかること

日本に住む人びとは、縄文時代のむかしからいままでのあいだに、どのように顔かたちや体つきが変わってきたのだろうか。遺跡で見つかった人の骨を調べている奈良貴史先生に教えてもらったよ

奈良貴史先生
新潟医療福祉大学　自然人類学研究所所長

縄文人は健康な歯をぬいていた

むかしの人の骨からは、当時の人の体についてばかりではなく、どのようにくらしていたのかもわかります。縄文人の頭の骨を見るとだいたい鼻が高いですが、弥生時代になると中国や朝鮮半島から多くの人びとがやってきて、鼻が低い人がふえます。大陸の寒い気候で顔が凍傷になるのをふせぐため、だんだん鼻が低くなったと考えられています*。

耳のあながせまい縄文人もよく見つかります。これは冷たい水が耳に入るとその刺激で耳のまわりの骨が大きくなるためです。いまでも外耳道骨腫といって、サーフィンをする人によくある症状だそうです。たぶん縄文人は海に入って魚をつかまえていたので、現代人と同じ病気になやまされたのですね。また、前歯の一部がない頭の骨が出てくることもめずらしくありません。15歳ごろから上の年齢のおとなに見られる特徴で、健康な歯をわざとぬいています（35ページ参照）。成人したときや結婚したときなど人生の節目の儀式のためという説や、どこの出身かをしめすためという説などがありますが、理由はまだわかっていません。

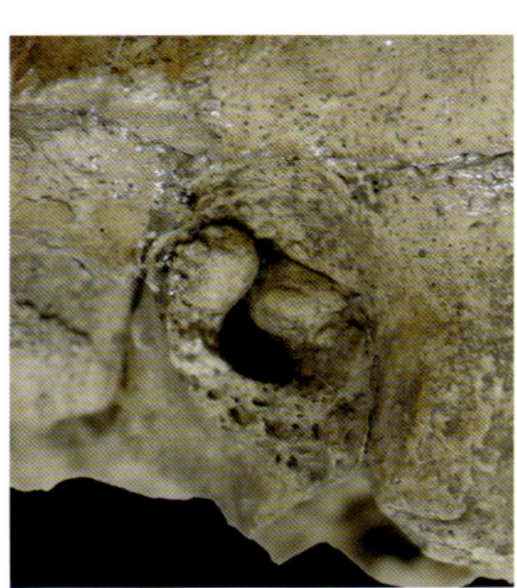

耳の穴がせまくなっている縄文人の骨。冷たい水が刺激となって水が耳のなかに入ってこないようにだんだん骨が出てくる

写真提供：奈良貴史

縄文人の脚の骨は、大腿骨のうしろが出っぱって太く、うしろに棒状の骨がくっついたような柱状大腿骨という形をしています。筋肉がついて骨が発達すると見られる形です。たぶん野山をかけまわっていたからでしょう。これは世界中の旧石器時代の人の骨にもよく見られます。

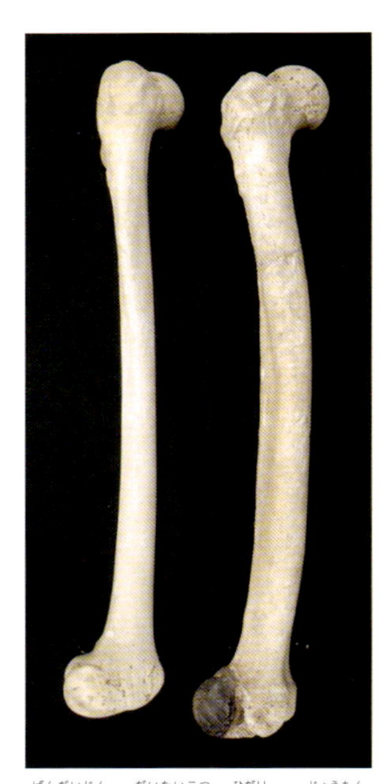

現代人の大腿骨（左）と縄文人の大腿骨（右）。縄文人の大腿骨は、うしろが出っぱって太くなっている

写真提供：奈良貴史

＊寒さに適応するために鼻が低くなったことのほかに、体温がにげるのをふせぐために体はずんぐりしてうでや脚が短くなり、まぶたは二重から一重になり分厚くなったという

弥生時代に稲作文化が伝わって定住するようになると、このような骨はあまり見られなくなります。ただ江戸時代でも山間部の人の脚の骨は同じような形に発達しています。

鎌倉時代の人の頭は前後に長い

鎌倉時代に入ると、日本人の骨に大きな変化があらわれました。鎌倉市（神奈川県）の材木座海岸や由比ヶ浜海岸で発見された鎌倉時代の頭の骨をくわしく調べたところ、そのほとんどが目立って前後に長かったのです。なぜだかはわかりませんが、ほかの場所でたまに見つかる中世（鎌倉時代〜室町時代）の人の頭の骨もやはり前後に長いです（81ページ参照）。この現象を「長頭化」といいますが、日本全国で起きたかどうかは、まだたしかめられていません。残念ながら日本では、どこからでもむかしの骨が見つかるわけではないからです。日本のような火山列島では酸性の土壌の場所が多く、そこに埋まった骨は50年ほどでとけてなくなってしまいます。そのため縄文時代の人骨が出るのはほとんどが貝塚からです。貝がらのカルシウムがとけると土壌がアルカリ性になって、骨が守られます。

弥生時代は甕棺という大きな土器に遺体をおさめることがあり、そこからも骨が出てきます。古墳時代も墓に埋葬したものがのこることがありますが、奈良時代や平安時代になるとほとんど出てきません。鎌倉は山にかこまれていて、墓地にできるのは海岸あたりにかぎられ、貝がらの破片などのおかげで酸性土壌ではありません。そのような環境が幸いして、どうにか骨がのこったのです。なお長頭化は長くつづかず、江戸時代には古代人に近いもとの形にもどっていきます。

食べもので変わっていった殿さまの顔

江戸時代になると人骨が大量に見つかります。徳川将軍家が二重の石室や銅の棺などに埋葬したものは、ほぼ完全な状態でのこっています。その顔は当時の庶民とは

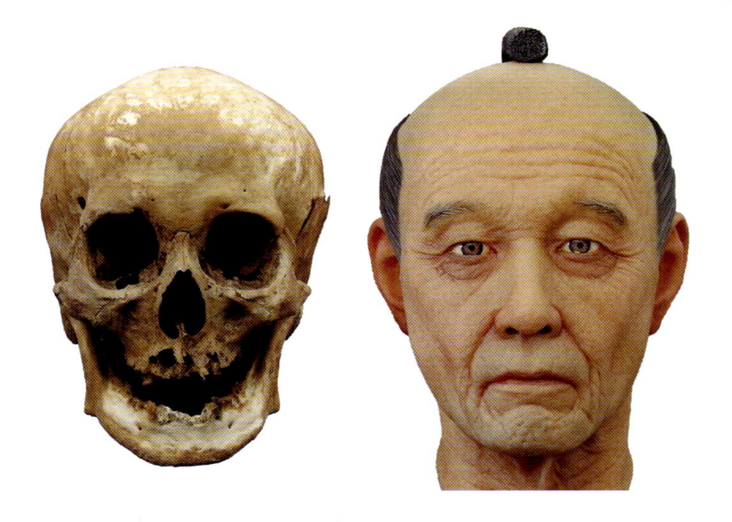

頭骨と復元した殿さまの顔。長いあいだやわらかいものを食べてあごが小さくなり、面長な顔をしている　写真提供：奈良貴史

まったくちがい、あごがほっそりとした「殿さま顔」です。また永久歯の前歯の表面のぎざぎざが、そのままのこっています。おそらくよくにた料理や豆腐などやわらかいものばかり食べていたので、歯の表面がすりへらず、あまりかまないので、あごが小さくなったのでしょう。歯が重なってはえるなど、歯ならびも悪くなっています。

諸国の大名も将軍ににた顔をしています。中級の武士だと、大名と庶民のあいだぐらいです。調べたところ、収穫する米の石高が大きいほど殿さま顔になっていました。将軍家や大名家には京都の公家から嫁いでくる女性が多く、公家は貴族ですから細面の人がずいぶんいたのではないでしょうか。そのため遺伝によって顔が小さくなる傾向もあったのではないかと想像しています。

のこされた人の骨から、いまの日本列島に住むわたしたちは、基本的に縄文時代と弥生時代の人びととがまじりあって形成されたと推測できます。ただ、ここで紹介したように鎌倉時代と江戸時代には、特徴のある骨も出てきています。明治時代からあとは、顔つきはあまり変わりませんが、江戸時代の骨の特徴からわかるように、あごをよく使うか使わないかによって、短いあいだで骨の形が変わっていくのも事実です。骨はこのように人間のくらしのようすをよく教えてくれるのです。

明治時代以降の人びと

細くとがっていく顔つき

明治時代以降、日本人の顔やすがたは大きく変わった。縄文時代など古代の人びとは、かたいものをよくかんでいたので、あごががっしりとして発達していた。顔の下半分の輪郭が四角い感じの顔つきをしていた。歯は小さく、歯ならびはとてもよかった。弥生時代にやってきた渡来系弥生人との混血がすすむと、日本人は大きな歯をもつようになった。

古墳時代の人びとのあごは、縄文人にくらべればがっしりとはしていないものの、現代人よりずっとじょうぶだった。渡来系弥生人の影響で、上の歯が下の歯にかぶさるようなかみあわせになっていた。中世になるとかたいものをかむことがへり、はしを使うようになったので、前歯でかみきることがへった。上の前歯をささえる骨が小さくなり、だんだん出っ歯になった。江戸時代には、公家や将軍、大名など、身分が高い人ほどかたいものを食べなかったため、あごが細く、歯ならびが悪くなって、かむ力が弱かった。町民や農民などは、それほど歯ならびは悪くなかった。

明治以降、昭和20年～30年生まれの人のなかに、歯ならびが悪い人は多くはなかった。ところが最近の子どもや若者は、歯ならびが悪く、あごが小さい顔つきをした人が多い。これはやわらかいものを多く食べ、かたいものをあまり食べなくなってしまった食生活の変化のために起こっていると考えられ、2000年代以降もこの傾向は変わっていない。

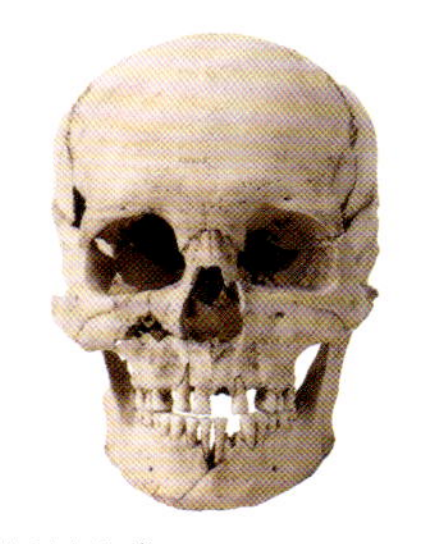

縄文時代のおわりごろの男性の頭骨。福島県三貫地貝塚出土

写真提供：東京大学総合研究博物館

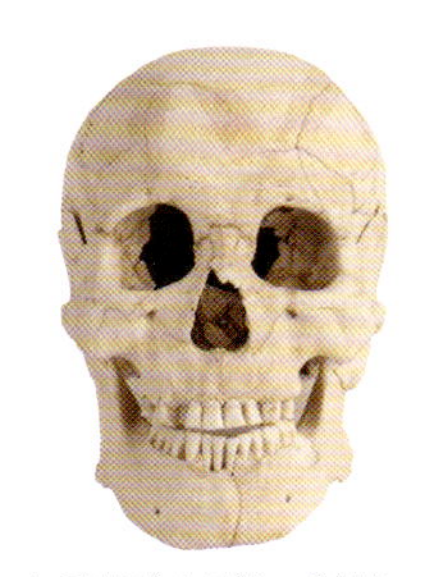

渡来系弥生人の男性の頭骨。縄文人にくらべて歯が大きいのがわかる。山口県土井ヶ浜遺跡出土

写真提供：土井ヶ浜遺跡・人類学ミュージアム

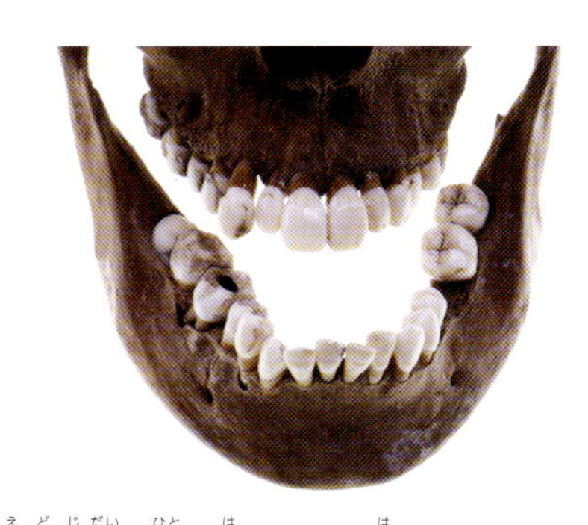

江戸時代の人の歯ならび。歯みがきをしているので白いが、歯ならびは悪く、大きな虫歯もある　写真提供：国立科学博物館

大正時代の家族のすがた　写真提供：長崎大学附属図書館

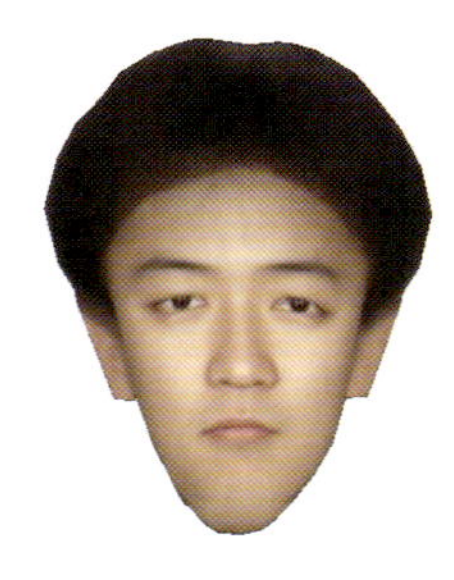

コンピューターグラフィックスで作成した未来の日本人の顔。現代よりもっと下あごの輪郭が逆三角形になり、面長の顔つきになるだろうと考えられている

写真提供：原島博

のびなくなった身長

江戸時代の人びとの平均身長は、男性で約157センチメートル、女性で約145センチメートルで、日本人の歴史のなかでもっとも低い。江戸時代に身長が低かった理由については、はっきりとはわからない。

低かった身長は明治時代になると少しずつのびはじめる。昭和23（1948）年度から50年間右肩上がりにのびて、平成6（1994）年度の調査では、17歳男子の平均身長は170.9センチメートル、女子の平均身長は158.1センチメートルになった。このように身長がのびつづけたのは、動物性たんぱく質などをとる量がふえたことが考えられる。ただ、近年の30年は平成6年度の値をこえることはなく、成長期の身長が止まってしまっている。この理由については、いろいろな説があるが、成長期の睡眠時間がむかしにくらべてじゅうぶんではないことや、野菜や果物などを食べる量がへっていることが関係しているのではないかと考えている研究者もいる。

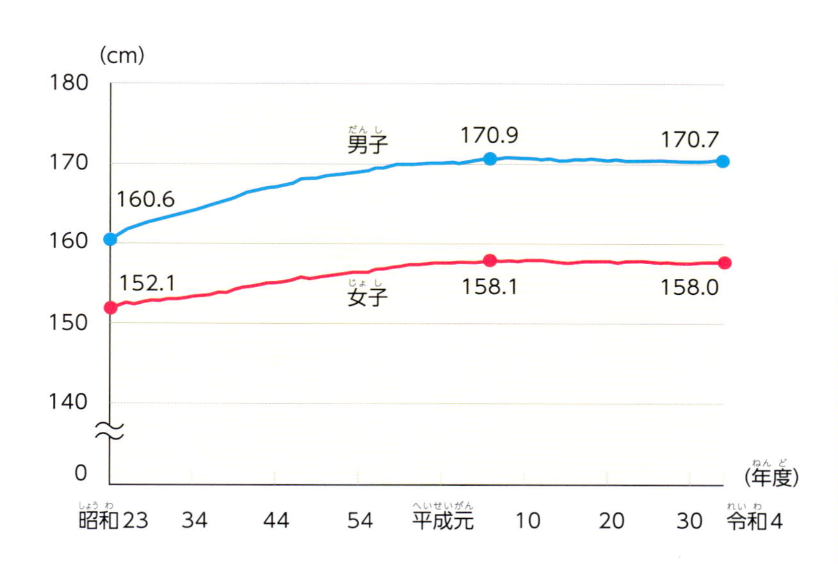

男女17歳平均身長の変化。平成6年度がいちばん高く、それ以降はのびていない

出典：文部科学省「令和4年度学校保健統計」の「身長の推移」を加工して作成

長生きだった葛飾北斎

年老いた葛飾北斎

画像提供：National Museum of Asian Art（スミソニアン国立アジア美術館蔵）

日本人の平均寿命は、縄文人で15歳くらい、弥生時代でも28歳くらいだった。縄文人の平均寿命が短いのは、病気やけがをしてもなおせなかったり、生まれた子どもが死ぬことが多かったりしたせいで、全体の平均が短くなってしまうからで、15歳をこえれば30歳前後までは生きたようだ。平均寿命の統計では、平安時代の貴族で30歳くらい、江戸時代から明治時代でだいたい44歳～45歳くらいだった。平均寿命が男性で50歳をこえるのは、太平洋戦争後の1947年のことだ。

ただし、江戸時代に50歳をこえて長生きする人がまったくいなかったわけではない。江戸時代は20歳まで生きのびれば、70歳～80歳くらいまで生きる人もいた。数え年で61歳をむかえたことを祝う「還暦」の習慣が定着したのも江戸時代からだ。江戸時代に長生きした人といえば、葛飾北斎や伊能忠敬がいる。浮世絵師の葛飾北斎は数え年90歳（満89歳）まで生きて浮世絵をかきつづけ、江戸時代に日本地図をつくった伊能忠敬は55歳から71歳まで17年間、亡くなる2年前まで日本全土を測量して歩いている。

これからの科学

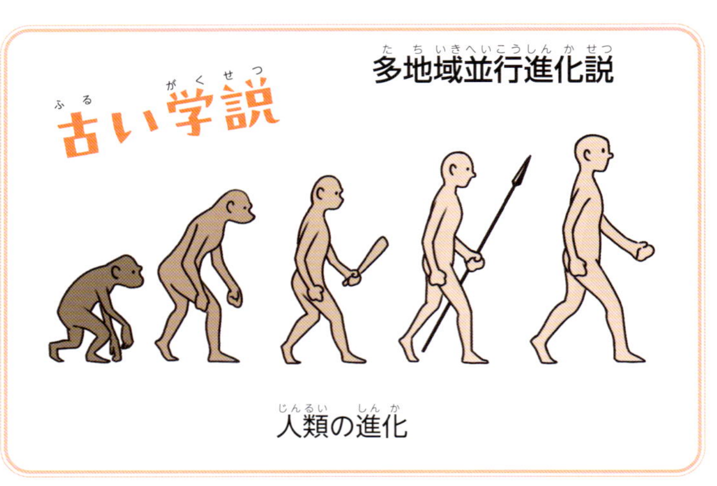

この本では、人類と日本人のなりたちについて、人類学や考古学の研究で新たにわかったことをできるだけとりいれて紹介してきたけれど、みんなはどんなふうに思ったかな？これまで、教科書や図鑑に書いてあることは「変わらない」「まちがいなんてない」って思っていた人もいるかもしれない。でも、教科書や図鑑に書いてあることも変わっていくんだ。

たとえば、17ページで紹介しているとおり、1946年以前の日本の考古学では、縄文時代以前に日本列島に人は住んでいなかったと考えられていた。ところが、群馬県の岩宿遺跡から縄文時代以前の石器が発見されたことで、日本にも旧石器時代があって、人びとがくらしていたことが証明された。そしていまでは、日本各地で旧石器時代の遺跡が発見されている。小さなひとつの遺物の発見が、日本の人類学や考古学の歴史を大きく変えたんだ。岩宿遺跡が発見されて70年近くたっているから、みんなはもうむかしのことだと感じるかもしれないね。

もうひとつの例を紹介しよう。みんなのお父さんやお母さんが子どもだったころの話だから、そんなにむかしじゃない。そのころの学説では、人類は猿人から原人、原人から旧人、旧人から新人（ホモ・サピエンス）へと順番に進化したと考えられていた。アジアの人びとの祖先は北京原人やジャワ原人、ヨーロッパの人びとの祖先はホモ・ネアンデルターレンシス（ネアンデルタール人）で、それぞれが進化して新人（ホモ・サピエンス）になったという説が有力だった。これは「多地域並行進化説」（22ページ参照）の考えかたで、ほんの35年ほど前には定説とされていた。そのころの図鑑や科学の教科書を見てみると、猿人から

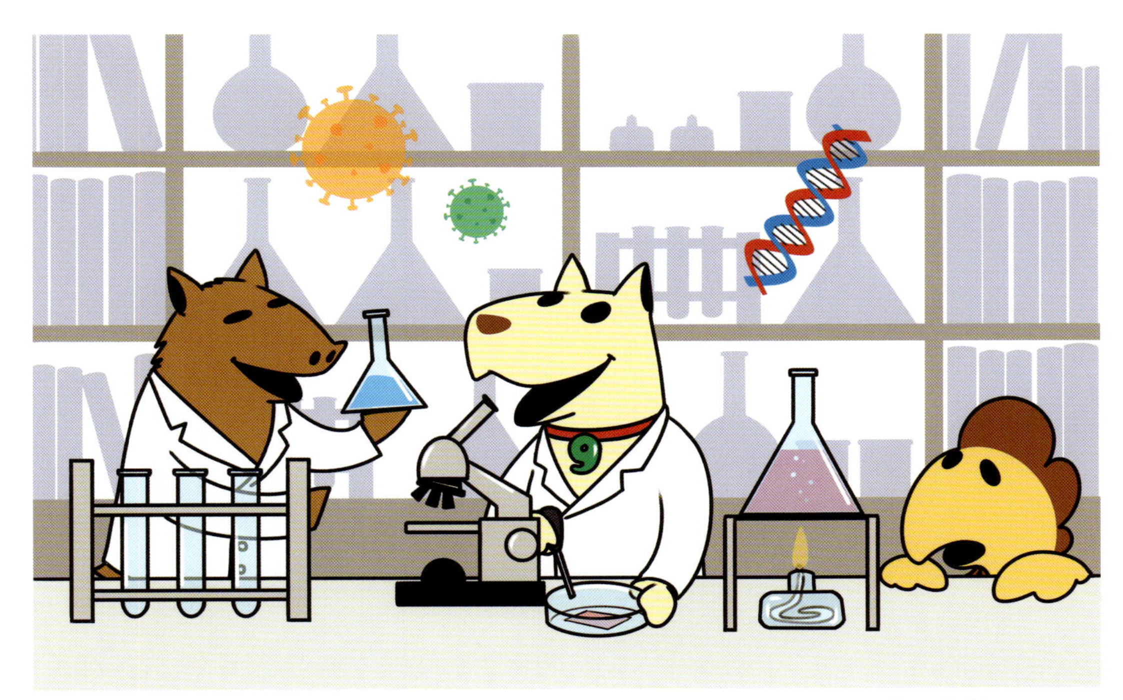

新人へと順番に進化していくイラストがよくかかれている。でも1987年に細胞のなかのミトコンドリアDNAが調べられるようになった結果、人類はおよそ15万年前〜20万年前にアフリカにいた女性からはじまったとされ、「アフリカ単一起源説」という学説が有力になった。これは、新人（ホモ・サピエンス）はアフリカで生まれ、その後アフリカを出て世界中に広まったとする考えかただ。

さらに、ほかの地域の人びとの集団では共通した祖先は6万年〜7万年ほどしかさかのぼれないのにアフリカの人びとの集団だけはおよそ15万年前までさかのぼれたこと、1997年に16万年前のホモ・サピエンスの古い先祖である「ヘルト人」の骨が発見されたことで、「アフリカ単一起源説」への支持が広がった。その結果、猿人から新人へと変化していくイラストが図鑑や教科書からなくなった。いまではもっとくわしいことがわかる核DNAを調べられるようになって、「アフリカ単一起源説」がより強く支持されている。こんなふうに、科学や学問の世界では、いままでの「定説」が変わることもある。

新しい分野の研究は、教科書にはのっていない、書かれていないことを、科学者や研究者が自分で考えて、こうではないだろうかと仮説をたてて、失敗をくりかえしながら「ほんとうのこと」を見つけていくものなんだ。科学はそういうことの積み重ねによって発展してきた。だからこれからも、研究の結果によっては、みんなが「あたりまえ」だと思っていたことが、いろいろと変わっていくかもしれない。すごいことだし、なんだか、とてもわくわくするよね!?

さくいん

あ

か

さ

た

な

は

ま

や

ら

取材協力（50音順）
岡田康博／斎藤成也／神野恵／奈良貴史／藤田祐樹

写真提供・協力（アルファベット順・50音順）
ColBase ／ Cooper Hewitt, Smithsonian Design Museum ／ Getty Museum Collection ／ JOMON ARCHIVES ／ Nationl Museum of Asian Art ／ PIXTA ／ Staaatliche Museen zu Berlin, Museum für Asiatische Kunst ／ The Metropolitan Museum of Art ／ United States Fish & Wildlife Service ／青森県埋蔵文化財調査センター／青森市教育委員会／安城市教育委員会／壱岐市教育委員会／石井礼子／和泉市教育委員会／市川市立考古博物館／一戸町教育委員会／（一社）東北観光推進機構／（一社）長崎県観光連盟／井戸尻考古館／稲賀すみれ／田舎館村教育委員会／犬山城白帝文庫／岩宿博物館／上野原縄文の森／宇都宮市／遠軽町教育委員会／大分県立埋蔵文化財センター／大阪市文化財協会／大阪府立弥生文化博物館／大野城市／大湯ストーンサークル館／岡山市教育委員会／沖縄県立博物館・美術館／沖縄県立埋蔵文化財センター／奥村敦史／海部陽介／香芝市教育委員会／角川文化振興財団／神奈川県教育委員会／金沢市埋蔵文化財センター／上川町／唐古・鍵遺跡史跡公園／唐津市／河出書房新社／北秋田市／宮内庁正倉院事務所／久留米市教育委員会／群馬県／群馬県立自然史博物館／群馬県立歴史博物館／（公財）京都市埋蔵文化財研究所／講談社／江東区深川江戸資料館／神戸市立博物館／国営吉野ヶ里歴史公園／国土交通省国土地理院／国立科学博物館／国立国会図書館デジタルコレクション／国立歴史民俗博物館／湖月堂老舗／是川縄文館／蔵王町教育委員会／堺市博物館／佐賀県／相模原市教育委員会／桜井市教育委員会／佐世保市教育委員会／砂糖傳増尾商店／佐藤雅彦／三内丸山遺跡センター／静岡市立登呂博物館／島根県立八雲立つ風土記の丘／上越市教育委員会／白滝ジオパーク推進協議会／諏訪元／世界遺産座喜味城跡ユンタンザミュージアム／世田谷区立郷土資料館／仙台市教育委員会／袖ヶ浦市郷土博物館／伊達市教育委員会／種子島時邦／茅野市尖石縄文考古館／北谷町教育委員会／長者ケ原考古館／ DNPアートコミュニケーションズ／土井ヶ浜遺跡・人類学ミュージアム／東京大学総合研究博物館／東京都立中央図書館／東北町教育委員会／十日町市博物館／遠野市／栃木市教育委員会／鳥取県（青谷上寺地遺跡）／富山県埋蔵文化財センター／長崎大学附属図書館／長野県埋蔵文化財センター／長野市／奈良県立橿原考古学研究所附属博物館／奈良市役所／奈良文化財研究所／西東京市教育委員会／野尻湖ナウマンゾウ博物館／バイオステーション／函館市教育委員会／羽曳野市教育委員会／原島博／東村山ふるさと歴史館／兵吉屋／弘前市立博物館／広島県教育事業団／広島県立埋蔵文化財センター／福井県立若狭歴史博物館／福岡市／藤井寺市教育委員会／船橋市西図書館／文化庁／豊後大野市教育委員会／北海道デジタルミュージアム／北海道立総合博物館／三重県埋蔵文化財センター／三鷹市教育委員会／三原市教育委員会／宮城県観光戦略課／宮崎県埋蔵文化財センター／宮崎県立西都原考古博物館／文部科学省／山形県立博物館／山口県立萩美術館・浦上記念館／横浜市三殿台考古館／横浜市歴史博物館／四日市市立博物館／礼文町教育委員会

カバー・表紙使用写真提供先（アルファベット順・50音順）
ColBase(https://colbase.nich.go.jp/) ／土井ヶ浜遺跡・人類学ミュージアム／東京大学総合研究博物館／十日町市博物館／鳥取県（青谷上寺地遺跡）／奈良貴史
＊写真は切り抜き加工などの編集・加工をして掲載しています　＊見返しのイラストは写真を参考に作成しています

おもな参考文献

「日本人はるかな旅」展　図録　国立科学博物館　NHKプロモーション　2001年
「氷河時代のヒト・環境・文化」2012年度特別展　図録　明治大学博物館　2012年
「特別展　人体　神秘への挑戦」展　図録　国立科学博物館　朝日新聞社　NHKプロモーション　2018年
『NHKスペシャル　人類誕生　大逆転！　奇跡の人類史』NHKスペシャル「人類誕生」制作班　馬場悠男、海部陽介監修　NHK出版　2018年
『核DNA解析でたどる　日本人の源流』斎藤成也　河出書房新社　2017年
『魏志倭人伝の考古学』佐原真　岩波書店　2003年
『現代語訳　雑兵物語』かも・よしひさ訳・画　筑摩書房　2019年
『骨考古学と身体史観　古人骨から探る日本列島の人びとの歴史』片山一道　敬文舎　2013年
『ビジュアル版　縄文時代ガイドブック』勅使河原彰　新泉社　2013年
『新版　絵巻物による　日本常民生活絵引』澁澤敬三　平凡社　1984年
『新版　日本人になった祖先たち』篠田謙一　NHK出版　2019年
『人類の起源　古代DNAが語るホモ・サピエンスの「大いなる旅」』篠田謙一　中央公論新社　2022年
『人類の進化大図鑑』【コンパクト版】アリス・ロバーツ編著　馬場悠男日本語監修　河出書房新社　2018年
『図解人類の進化　猿人から原人、旧人、現生人類へ』斎藤成也編著　海部陽介、米田穣、隅山健太　講談社　2021年
『日本人の顔と身体』山口敏　PHP研究所　1986年
『日本人の起源　人類誕生から縄文・弥生へ』中橋孝博　講談社　2019年
『日本人の骨』鈴木尚　岩波書店　1963年
『Newton大図鑑シリーズ　人類学大図鑑』ニュートンプレス　2022年
『人間らしさとは何か　生きる意味をさぐる人類学講義』海部陽介　河出書房新社　2022年
『骨が語る日本史』鈴木尚　学生社　1998年
『骨は語る　徳川将軍・大名家の人びと』鈴木尚　東京大学出版会　1985年
『列島の考古学　旧石器時代』堤隆　河出書房新社　2011年
『列島の考古学　縄文時代』能登健　河出書房新社　2011年
『私の顔はどうしてこうなのか　骨から読み解く日本人のルーツ』溝口優司　山と渓谷社　2021年

おもな参考ウェブサイト

国土交通省国土地理院ウェブサイト
https://maps.gsi.go.jp/development/ichiran.html（世界衛星モザイク画像）
バイオステーションウェブサイト
https://bio-sta.jp/
文部科学省ウェブサイト
https://www.mext.go.jp/content/20231115-mxt_chousa01-000031879_1a.pdf（令和4年度学校保健統計）

4ページのクイズの答え　1.つり針（魚つりに使う）　2.尖底土器（地面にさして煮炊きに使う）　3.火おこし道具（こすりあわせて火をおこす）　4.すずり（墨をするとき使う）　5.菅笠とみの（雨具として使う）

監修：秋道智彌

1946年京都府生まれ。国立民族学博物館部長、総合地球環境学研究所副所長を経て、現職は山梨県立富士山世界遺産センター所長。東京大学理学系大学院人類学博士課程修了（理学博士）。専門は生態人類学。おもな調査研究地域は、日本、東南アジア、オセアニア。著書に『霊峰の文化史』（勉誠出版）、『明治～昭和前期　漁業権の研究と資料』全２巻（臨川書店）、『たたきの人類史』（玉川大学出版部）、『クジラは誰のものか』（筑摩書房）、『鯨と日本人のくらし』（ポプラ社）、編著書に『海のジェンダー平等へ』（共編　西日本出版社）、『富山湾　豊かな自然と人びとの営み』（共編　桂書房）ほか多数。

イラスト：谷澤茜（本作り空Sola）

執筆協力：中山義幸（Studio GICO）／福永一彦

ブックデザイン：オーノリュウスケ（Factory701）

企画・編集・制作：株式会社本作り空Sola（担当：平野麻紗／白子晶代）

https://solabook.com

ビジュアル解説！ 科学でさぐる日本人の図鑑　C8645／NDC469　112P　25.7×21cm

監修者　秋道智彌
編著者　株式会社本作り空Sola

2024年11月30日　第1刷発行　ISBN978-4-580-88813-5

発行者　佐藤諭史
発行所　文研出版　〒113-0023　東京都文京区向丘２丁目３番10号
〒543-0052　大阪市天王寺区大道４丁目３番25号
代表 (06)6779-1531　児童書お問い合わせ (03)3814-5187
https://www.shinko-keirin.co.jp/
印刷所・製本所　株式会社太洋社